U0078534

伽利略·波柏·科學說明

林正弘 著

東大圖書公司

國家圖書館出版品預行編目資料

伽利略・波柏・科學說明 / 林正弘著. ——二版一刷.
——臺北市: 東大, 2007
面; 公分

ISBN 978-957-19-2884-5 (平裝)

1. 科學—哲學,原理—論文,講詞等

301 96011495

著作人	林正弘
美術設計	陳佩瑜
校對	劉惠娟
發行人	劉仲文
著作財產權人	東大圖書股份有限公司
發行所	東大圖書股份有限公司 地址 臺北市復興北路386號 電話 (02)25006600 郵撥帳號 0107175-0
門市部	(復北店) 臺北市復興北路386號 (重南店) 臺北市重慶南路一段61號
出版日期	初版一刷 1988年8月 初版二刷 1991年8月 二版一刷 2007年7月
編號	E 140270
基本定價	貳元陸角

行政院新聞局登記證局版臺業字第〇一九七號

ISBN 978-957-19-2884-5 (平裝)

自　序

本書所收集的四篇文章是筆者近三年來在各種學術研討會上宣讀，且在各種學術期刊上登載過的論文。由於研討會的宣讀時間有限，難以暢所欲言，而一般學術期刊也都限於篇幅，無法盡情發揮。現在既然要集結成書，專冊發行，再無篇幅限制。筆者乃趁機加以修訂增補，一方面暢述初稿未盡之意，另一方面接納在研討會上所獲得的寶貴意見，並回應與會者的質疑和批評。

第一篇〈伽利略為什麼不接受貝拉明的建議〉從哲學觀點討論伽利略之所以不接受貝拉明建議的理由。從某一角度來看，貝拉明主教的妥協方案似乎可以調和當時教會的地球中心說與伽利略的地動說。但伽利略拒絕接受貝拉明的建議，迫使教會對伽利略採取激烈的措施，導致宗教與科學的緊張關係。筆者分析貝拉明方案的內容，指出其蘊含三個哲學觀點：數學工具論、天文學工具論及方法懷疑論。於是筆者依據伽利略的著作，探討其數學觀、因果觀及方法論，並詳細論證這些觀點與貝拉明的哲學觀點完全背道而馳。

伽利略是一般公認的所謂「近代科學之父」，但他在科學史上到底扮演何種角色，在科學史家之間卻有極不同的看法。奧地利物理學家兼科學史家馬赫 (Ernst Mach, 1838–1916) 和加拿大科學史家德瑞克 (Stillman Drake) 認為伽利略是偉大的實驗科學家，他所代表的近代科學之所以異於科學革命前的科學，乃在於前者強調實驗與觀察而後者偏重抽象思維。法國科學史家誇黑(Alexandre Koyré, 1892–1964) 則認為伽利略以降的近代科學之特徵不在於強調實驗，而在於大量使用數學；近代科學之哲學傾向是脫離亞里士多德的經驗主義，而返回柏拉圖的理性主義。筆者在拙文中並不直接涉入上述爭論，但希望對伽利略哲學立場的探討有助於爭論中某些觀點的釐清。

長久以來，筆者一直相信科學史上偉大科學家的著作中蘊含著豐富的哲學思想。探討他們的哲學思想不但有助於科學史的研究；在哲學方面，對知識論的研究工作也會有意想不到的啟發作用。哲學家對知識的結構、性質、可靠性及限制等等固然能夠做非常抽象而深入的分析；但是，科學家畢竟是真正從事追求及建造知識的人，他們對知識的見解是研究知識論的哲學工作者不應忽略的。然而，科學家通常不像哲學家那樣有意的提出一套完整的知識論或哲學體系。他們的哲學觀點往往隱藏在其科學理論的背後或零散的出現於科學著作之中。如何把這些哲學觀點抽繹出來，整理成有條理的學說，應該是科學史家或科學哲學家的工作。筆者近年來經常注意這方面的論著，但限於本身的專業背景，不敢在這方面輕易下筆。

民國七十五年底，在清華大學歷史研究所科技史組講授科學史的傅大為教授要筆者於翌年二月二十八日在他所主持的「科技史研討會」上講一次有關科學哲學的問題。筆者幾經躊躇，乃抱著嘗試與討教的態度，提出一個極端簡略的綱要，借用一個科學史上的事件來討論伽利略的哲學觀點。在研討會上蒙與會學者李怡嚴、李國偉、傅大為、方萬全、鈕則誠等諸位教授熱烈討論，獲益良多。會後，筆者根據這次討論的綱要與心得，寫成一萬六千字左右之論文，標題改為〈從哲學觀點論伽利略與教會之間的衝突〉，於同年十月十九日在陳文秀教授所主持的臺灣大學哲學系「學術討論會」上宣讀，由楊樹同教授評論，並與鄔昆如、劉福增、郭博文、陳文秀等教授充分討論，又得到許多啟示。該文同時投《國立編譯館館刊》，蒙該刊接受，登載於民國七十六年十二月出版之第十六卷第二期 (pp. 121–132)。民國七十七年三月二十一日蒙輔仁大學哲學會邀請，在哲學週活動中，以該文內容對學生公開演講。現在收入本書的第一篇文章乃是在臺大哲學系「學術討論會」宣讀、討論之後再加以增訂的。篇幅由原先的一萬六千字增加到約三萬字，主標題再改為原先的〈伽利略為什麼不接受貝拉明的建議〉，並以〈從哲學觀點論伽利略與教會之間的衝突〉為副標題。增訂稿曾送請臺大哲學系同事楊樹同教授及數學系好友楊維哲教授和蔡聰明教授過目，非常感謝他們的批評與建議。維哲兄特地花費一個晚上的時間和筆者討論一些細節。自從初中一年級相識，三十多年來，他一直是筆者的免費科學顧問。很高興終於有機會公開向他表示謝意。

本書第二篇論文〈科學說明涵蓋律模式之檢討〉詳細檢討邏輯實證論對科學說明的要求。邏輯實證論是二十世紀的顯學，統領當代科學哲學幾達半世紀之久。他們以物理科學為一切知識的理想範例，並依據此種範例抽繹出科學的一般模式及其必備條件，且進一步要求一切知識（包括社會科學及人文學科）都必須符合物理科學的基本模式並滿足其必備條件。此種主張對當代的社會科學（尤其是行為科學）及人文學科（尤其是歷史學）曾發生深遠的影響。近一、二十年來，這個學派遭受到各方的抨擊。有人指出該學派所要求的模式及條件不合科學史實與科學實況。有人根據認知科學指出該學派的要求與人類認知的過程不符。也有人強調社會科學及人文學科具有獨特性格，不宜套用物理科學或自然科學的模式。筆者則借用一個淺顯的例子，詳細分析科學說明的模式及條件，指出邏輯實證論所要求的四項條件即使在物理科學中也無法全部滿足，並詳細討論其無法滿足之理由。依筆者的分析，要求全部滿足那四個條件，會遭遇到理論上難以克服的困難，不僅是不合科學史實或科學實況而已。換言之，在科學史上或在科學實例中找不到全部滿足那四個條件的科學說明，乃是理所當然的。筆者在該文中且進一步討論避免上述困難的可能修正方案，並指出這些修正方案都不得不違背邏輯實證論的基本精神，而比較接近波柏、孔恩、費雅耶班等反邏輯實證論者的觀點。我們也許可以這樣說：當代科學哲學之所以由邏輯實證論轉變成波柏、孔恩、費雅耶班等人的所謂「新科學哲學」，並非偶然，而是有其內在的理論線索可尋的。

該文初稿以「涵蓋律模式之檢討」為題，於民國七十六年六月七日在臺灣大學哲學系主辦之「當代西方哲學與方法論研討會」上宣讀，由黃慶明教授評論，蒙與會學者柏殿宏、楊維哲、傅大為、沈清松、劉君燦等教授熱烈發言，提出寶貴意見。此文初稿除刊登於民國七十七年一月出版之《臺大哲學論評》第十一期 (pp. 107–125) 之外，並收入東大圖書公司出版之《當代西方哲學與方法論》(民國七十七年三月出版) 論文集之內 (pp. 261–281)。現在收入本書的第二篇文章是根據初稿及研討會的心得增訂而成的。標題改為〈科學說明涵蓋律模式之檢討〉，比初稿之標題增加「科學說明」四字，以求明確顯示論文內容。篇幅由原先的一萬三千多字增加到兩萬三千字左右，章節亦由五節增加為六節。其中第四節大幅擴充，主要是回應輔仁大學理工學院院長柏殿宏教授的批評，並接納他的建議。增訂稿的第五節為初稿所無，而結論則由初稿的第五節移到增訂稿的第六節，並已完全改寫。

第三篇〈卡爾·波柏與當代科學哲學的蛻變〉一文之初稿，於民國七十四年十一月五日在「臺灣大學創校四十周年國際中國哲學研討會」上宣讀，由劉福增教授評論。該文對波柏在當代科學哲學的蛻變中所扮演的角色，提出初步的看法。筆者以科學的客觀性為著眼點，比較邏輯實證論、波柏及孔恩等三派對科學客觀性所持的不同觀點，並指出波柏在何種意義下扮演了承先啟後的角色。該文初稿宣讀之後，以及在研討會論文集出版之後 (pp. 403–420)，筆者聽到的一般反應是：主要論點尚有可取，但論述太過簡略，分析不夠深入。直接向筆者反應此類意見的有夏威夷大學成中英教授、臺灣大學劉福增教授、臺灣大學哲學研究所博士班學生莊文瑞先生以及香港中文大學未曾見面的友人趙汝明先生。現在收入本書的第三篇文章就是由上述初稿修訂增補而成的。在增訂稿中，筆者對波柏和孔恩的科學哲學做了較詳細的全面介紹，並比較邏輯實證論、波柏及孔恩等三派科學哲學的重要特色。內容增加不少，篇幅亦由原先的一萬八千字增加到三萬四千字左右。希望能夠繼續得到讀者的批評與指正。

本書第四篇，也就是最後一篇，標題為〈科際整合的一個面向——各學科間方法的互相借用〉。它是應中華民國科際整合研究會的邀請，於民國七十六年八月二十日在「我國人文社會學科整合教育之現況與展望」研討會上宣讀的。評論由郭博文教授擔任。由於當時筆者正在蘇聯莫斯科參加第八屆國際邏輯、方法學及科學哲學大會，未能親赴科際整合研究會宣讀上述論文，乃請臺大同事楊樹同教授代筆者宣讀，因而未能和與會學者當面討論，頗感遺憾。現借此機會向郭博文和楊樹同兩位教授誌謝。在該文中，筆者以三個例子，說明人文及社會學科有可能從自然科學得到何種方法論的啟示。文中所言乃筆者憑個人有限經驗所得的即興意見，既未深思熟慮，也未必經得起深入的分析。其中每一論點，若認真追究，都會衍生出許多複雜的難題。筆者目前尚未準備探討這些問題。因此，該文就以當時宣讀的原來面目收錄在此，並未加以修改或增訂。希望能夠聽到不同的意見。

本書得以完成並能對一般讀者公開發行，除了上面提到的各位朋友之外，筆者要特別感謝臺灣大學哲學系、清華大學歷史研究所以及東大圖書公司。筆者近幾年來在臺大哲學系和清大史研所講授與本書內容相關的課程，頗收教學相長之效。書中許多觀點都是在準備授課時浮現腦際；而詳細的解說、論證、分析以及表達方式，也大多是在課堂講解、答覆學生的疑問以及和學生討論辯難中，逐漸形成的。假若沒有機會講授這些課程，則本書的大部分內容可能不會出現於筆者的腦中。東大圖書公司願意為如此冷僻的文章出版專集，使筆者的一得之愚有機會呈獻給廣大的讀者，並期盼他們的批評與指正。此外，該公司專業的編輯水準及細心負責的校對工作，筆者也要特別表示敬佩與感謝之意。最後，我要向內人麗鶯說聲謝謝。她的鼓勵和直接、間接的幫助是促使本書完成的最大動力。

林 正 弘

編按：本書出版迄今，已越十九載，由於內容嚴謹、說解精詳，在學術界迭有好評。此次再版，除了修正訛誤疏漏之處，針對註文與參考書目的資料，皆予以重新整理，期待能帶給讀者更多的助益。

伽利略・波柏・科學說明

目　次

自　序

壹、伽利略為什麼不接受貝拉明的建議——從哲學觀點論伽利略與教會之間的衝突

一、前　言……1
二、貝拉明協調方案的內容……2
三、貝拉明方案中的哲學觀點……10
四、伽利略的數學觀……14
五、伽利略的因果觀……21
六、伽利略的方法論……25
七、物理學與天文學的合流……33
八、結　論……38

貳、科學說明涵蓋律模式之檢討

一、前　言……43
二、涵蓋律模式……44
三、反對涵蓋律模式的各種主張……52

四、涵蓋律模式的困境……56
五、涵蓋律模式之修正方案……64
六、結　論……72

叁、卡爾·波柏與當代科學哲學的蛻變

一、前　言……75
二、實證派對科學客觀性的說明……76
三、實證派科學哲學的特色……89
四、孔恩的科學革命論對科學客觀性的觀點……97
五、波柏的否證論與實證派的科學客觀論……108
六、結　論……117

肆、科際整合的一個面向——各學科間方法的互相借用

一、前　言……123
二、抽象概念的功能……124
三、抽象概念與具體事實之間的關連……126
四、化約的模式……128
五、結　論……130

壹、伽利略為什麼不接受貝拉明的建議

——從哲學觀點論伽利略與教會之間的衝突

一、前　言

當伽利略 (Galileo Galilei, 1564–1642) 的地動說受到教會當局嚴重關切的時候，有位名叫「佛士卡瑞尼」(Paolo Antonia Foscarini, 1580–1616)❶的神學家出版了一本小冊子，企圖調和新天文學與《聖經》教義之間的衝突。他認為哥白尼 (Nicolas Copernicus, 1473–1543) 的學說和伽利略的新發現都未違背《聖經》教義。他並贈送該書一冊給伽利略的好友貝拉明樞機主教 (Cardinal Robert Bellarmine, 1542–1621)❷。貝拉明在回信中勸告

❶ 佛士卡瑞尼出生於義大利半島南邊卡拉布瑞亞 (Calabria) 區的蒙搭特 (Montalto)，曾任佛羅菱斯 (Florence) 僧侶修道院主持人及卡拉布瑞亞區主教，並曾在西西里 (Sicily) 島東北的海港梅希納 (Messina) 教過哲學。他對新天文學興趣濃厚，著有探討宇宙論及數學之論著多種，為當時極出色之學者。

❷ 貝拉明為耶穌會教士，曾在佛羅菱斯講授修辭學及天文學，並任羅馬學院教授。1598 年任樞機主教，1600 年參與羅馬天主教法庭，審判布魯諾。1605 年極可能當選為天主教教皇，因他自己謝絕而未當

佛士卡瑞尼和伽利略不要把哥白尼天文體系 (Copernican system) 當做對天體真實情況的描述,而只把它當做方便計算的假說即可。貝拉明認為:任何主張地球確實繞太陽運行的學說,必定違背《聖經》教義而為教廷所不容;然而教會的立場並不反對在計算天體的位置變化時,把太陽當做假想的中心。如果這項假設可以使計算簡化,則教會可以容許天文學家採取哥白尼體系做為計算的工具;但不可忘記它僅僅是為了簡便起見所設想的假說而已,絕不可當真。教會方面堅持:宇宙的真正中心仍然是地球。

許多人認為貝拉明的妥協方案頗為明智而合乎情理,伽利略理應接受。然而,出乎意料之外的,伽利略拒絕了貝拉明的建議。他認為哥白尼本人並不僅把地動說當做是方便計算的假說,而是把它當做真實情況的描述;哥白尼的天文學體系只能全盤接受或全盤捨棄,沒有妥協的餘地。對伽利略這種不妥協的態度,後人有各種不同的評價。有人贊揚他擇善固執的科學精神;有人譴責他這種不識時務的僵硬態度,造成了科學與宗教的尖銳對立,因而使科學遭受損害。許多科學史家也從多方面來說明伽利略不妥協的原因或動機。本文則企圖從哲學的觀點來瞭解伽利略為什麼不能接受貝拉明的建議。

二、貝拉明協調方案的內容

我們要從哲學的觀點來瞭解伽利略為什麼不能接受貝拉明的協調方案,必須先分析貝拉明的建議中含有什麼樣的哲學觀點,然後才能進一步探討伽利略為什麼不能接受那些哲學觀點。現在

選。

先略述貝拉明建議的要點❸：

1. 貝拉明相信哥白尼在主張地動說時是以假設的語氣 (hypothetically) 而不是以絕對的語氣 (absolutely) 來敘述的。貝拉明覺得佛士卡瑞尼和伽利略似乎也以此為滿足。設想地動而太陽不動，一切天體現象都得以保全。比起偏心圓運動說 (eccentrics) 及周轉圓運動說 (epicycles)，地動說保全得更好。這種假想性的說法是很漂亮的說法。它不會有任何危險。數學家應以此種假想為滿足。但若進一步認定太陽確實在宇宙的中心位置自轉，而不是由東往西移動，且認定地球以極快的速度在第三軌道上繞太陽運行，則是極端危險的。這樣認定，不但會激怒哲學家及經院神學家，而且有損於我們的神聖信仰，使《聖經》教義成為虛假不實。佛士卡瑞尼雖極力辯解《聖經》並未真正主張地球為宇宙之中心，故地動說並未違背《聖經》教義。但貝拉明提醒佛士卡瑞尼:《聖經》上有許多段落是佛士卡瑞尼的辯解所無法解釋的。

2. 《聖經》很明白的記載: 太陽在天空中迅速的繞地球運行，地球則遠離天空，停留在宇宙的中心位置而不移動。對《聖經》上的這類文字，當時教會的神父及注釋《聖經》的學

❸ 這些要點請參閱貝拉明給佛士卡瑞尼的回信。該信已收入《伽利略全集》第十二卷 (Galileo Galilei, *Le opere*, ed. by Antonia Favaro, Vol. xii, pp. 171–172)。本文所引述的文字乃筆者依據德瑞克 (Stillman Drake) 的英譯節譯成中文的。德瑞克的英譯請看 Stillman Drake, *Discoveries and Opinions of Galileo*, pp. 162–164.

者都採取嚴守字義的解釋。我們若不嚴守字面的意義，不把《聖經》上的這類文字解釋為對天體的描述，這樣固然不違背重要的教義，但至少表示《聖經》上的記載不完全可靠。《聖經》上的文字是聖靈透過先知及使徒之口說出的，其可靠性不容置疑。否定《聖經》中太陽繞地球運行的記載，其嚴重性等於否定亞伯拉漢 (Abraham) 有兩個兒子、雅各 (Jacob) 有十二個兒子、以及耶穌為處女所生。對《聖經》上的這些記載加以否定，在教會看來都是異端邪說。

3. 假如有明確的證據足以證明太陽確實是在宇宙的中心而不是繞地球運行，而且地球是在第三軌道上繞太陽運行，則貝拉明認為我們必須對《聖經》上的相關文字細心加以解釋，我們寧可承認原先誤解《聖經》上的文字，而不願意硬說已經得到明確證明的事實是假的。然而，貝拉明不相信有這樣明確的證明。他承認：設想地球繞太陽運行，我們所觀察到的天體現象得以保全。但這不表示已有明顯的證據足以證明地球確實繞太陽運行。

以上是貝拉明妥協方案的重要內容。我們將分析其中所蘊含的哲學觀點。但是，在分析其內容之前，我們要先列出一些相關資料。這些資料可幫助我們對貝拉明的建議內容做較正確的瞭解。

首先，我們要指出：貝拉明認為哥白尼以假設語氣敘述其地動說，乃是一項錯誤的認定。哥白尼始終堅持其天文學體系是對天體運行的真實描述，而不僅是方便計算的假設而已。哥白尼的這種立場原本極為明顯，在他的著作及信函中有許多清楚表明此種立場的文字。然而，在他的名著 *De Revolutionibus Orbium*

Coelestium 第一版 (1543) 的〈序言〉中卻明白的宣稱：他的天文學體系只是為了計算方便所設計的假說而已，並非對天體實況的描述。長久以來，這篇〈序言〉造成許多困惑與誤導。認真讀過哥白尼著作的讀者為哥白尼自相矛盾的立場感到困惑；只讀〈序言〉而未讀全書的讀者則誤認為〈序言〉中所表明的是哥白尼的真正立場。後來另一位天文學家凱卜勒 (Johann Kepler, 1571–1630) 發現該〈序言〉是別人偽造而非哥白尼本人所寫，於是真相大白。現在科學史家一致公認該〈序言〉乃是一位名叫「歐希安德」(Andreas Osiander, 1498–1552)❹的人所偽造的。原來哥白尼曾於 1540 年 7 月 1 日寫信給歐希安德，請問主張地動說的書籍出版，教會可能有何種反應。這封信現已遺失，但歐希安德於 1541 年 4 月 20 日給哥白尼的回信卻留傳至今。在回信中，歐希安德勸哥白尼不要把新天文學體系說得像宇宙的真實圖像，而只把它說成是為了說明現象所設計的假說即可。歐希安德並在同一天另寫一封信給哥白尼的學生瑞棣克斯 (George Joachim Rheticus, 1514–1576)❺，申論相同的觀點。當時瑞棣克斯與哥白尼住在一起。歐希安德企圖透過瑞棣克斯來說服哥白尼。哥白尼始終未接受歐希安德的勸告，然而歐希安德的觀點卻出現於上述

❹ 歐希安德為路德教派傑出教士及神學家，對數學及天文學有濃厚興趣。

❺ 瑞棣克斯為著名數學家，年輕時聽說哥白尼創發新天文學體系，因哥白尼著作尚未出版，無從得知其細節，特地到普魯士 (Prussia) 向哥白尼求教，和他住在一起，長達兩年半（從 1539 年春季到 1541 年秋季）。曾著書證明新天文學並未違背《聖經》教義，又著有《哥白尼傳》，惜均未留傳。在數學史上，因計算三角函數表而留名。

的〈序言〉之中。原來歐希安德負責監督該書的印刷，乃趁機刪去哥白尼原稿中的〈導言〉，而自己另寫一篇〈序言〉來代替。此時哥白尼可能已經去世或即將去世，並不知道有這樣一篇〈序言〉。這篇〈序言〉的全名是：〈有關本書之假設致讀者〉("To Reader Concerning the Hypotheses of This Work")。凱卜勒取得這篇〈序言〉的原稿，發現上面並無哥白尼的簽名，卻出現歐希安德的名字❻。貝拉明誤認為該〈序言〉中所表明的是哥白尼本人的立場，顯然不知道它是由歐希安德所偽造的。但是，貝拉明既然認可該〈序言〉所持的觀點，則該〈序言〉以及歐希安德信函的內容將有助於瞭解貝拉明的立場。現在先略述〈序言〉的內容❼：

> 本書主張：太陽在宇宙中心靜止不動，而地球則繞太陽運行。毫無疑問的，許多有學識的人會反對這種主張，因為他們認為長久以來所建立的有正確憑據的信仰不應拋棄。但是，他們若細心審查本書的內容，將會發現作者所說的一切並沒有什麼可以責難的。天文學家應做的工作就是透過細心巧妙的觀察來寫出天體運動的歷史。由於運動的真正原因是他們所無法探得的，因此他們所能做的是：構想並設計一些有關天體運動的假說，依據幾何學原理，正確的計算出過去及未來的天體運動。本書作者優越的完成了這些工作。他所設想的假說不須為真，也不須很可能為真；只要按照假說所計算出

❻ 有關這篇〈序言〉的曲折故事，請閱 Edward Rosen, "Introduction", *Three Copernican Treatises* (1959), pp. 22–33；及 Angus Armitage, *The World of Copernicus*, pp. 106–110.

❼ 這篇〈序言〉的英譯，請看 Rosen 前引書，pp. 24–25。本文所引述的文字乃筆者由英譯改寫成中文的，並非逐字逐句迻譯。

來的結果與觀察的結果相吻合，也就夠了。讀者會發現本書所設想的許多假說極為荒唐而難以接受，但請不要忘記它們只是為了提供正確計算的依據而設計出來的假想而已，它們並非用來說服任何人承認它們為真。對於同一運動現象，往往能夠提出許多不同的假說。例如：偏心圓運動說及周轉圓運動說都可用來說明太陽的運行。在此情況下，天文學家將會選取最容易領悟的假說，哲學家則會選取最近似真理的假說。然而，除非得到神的啟示，兩者都無法獲得確定不疑的知識。因此，我們不妨讓這些新假說與舊假說並存，同為大眾所共知。舊假說未必較有可能成為真理。新假說簡單而令人驚異，而且導致許多珍貴的巧妙觀察。讀者千萬不要期待從天文學的假說能獲得任何確定的知識；這是天文學辦不到的。讀者如果把一些為了計算方便而構想出來的觀念當做真理而加以接受，則他讀過本書之後，將變得比未讀之前更為愚蠢。

其次，略述歐希安德兩件信函的要點❽：

〔給哥白尼的回信〕我一向認為你的天文學假說並非信仰的項目，而是計算的基礎。因此，即使它們全部為假，也無關緊要；只要它們能夠正確的算出天體運動現象，也就夠了。即使我們信從托勒密 (Ptolemy) 的假說，也沒有人告訴我們太陽的運行軌道到底是周轉圓還是偏心圓。兩種假說都可以說明太陽移動的現象。因此，你最好能夠在導言中表明上述的立場。這樣做可以安撫亞里士多德信徒及神學家。他們的反

❽ 見 Rosen 前引書，pp. 22–23.

對是你所憂慮的。

〔給瑞棣克斯的信〕亞里士多德信徒以及神學家若聽到如下的說法，將會感到安慰：對於同一運動現象，可以提出許多不同的假說；哥白尼之所以提出書中所寫的那些假說，不是因為它們實際上為真，而是因為它們用來計算天體運動極為簡便；其他人也有可能設計不同的假說；一個人可以構想一個適當的體系，另一個人也可以構想更適當的體系，而兩者可用來說明相同的運動現象；每一個人都可自由設計更簡便的假說，而只要設計成功，便值得慶賀。只要提出上面的說法，那些亞里士多德信徒及神學家就不會再嚴厲的抗拒哥白尼的研究工作，反而會被它的魅力所吸引。首先，他們的敵對態度將會消失，然後會使用他們自己設計的假說來探究真理，最後會因徒勞無功而來接受哥白尼的看法。

其實，歐希安德並不是這類說詞的創始者。把天文學理論當做方便計算的假說，而不承認其為描述實況的真理，並非始於歐希安德。它至少可以追溯到十三世紀的哲學家托瑪斯·阿奎那 (Thomas Aquinas, 1225–1274)。阿奎那相信亞里士多德的天文學理論，認為一切天體都以同心圓 (homocentric spheres) 的軌道繞地球運行。但是，他又發現托勒密的偏心圓及周轉圓學說比較符合我們對天象所做的觀察。於是他一方面承認托勒密的學說能夠對天象做適當的說明，另一方面又堅持能夠說明現象的學說未必是真理。茲引述他的兩段相關文字如下❾：

❾ 這兩段文字轉引自 William A. Wallace, *Causality and Scientific Explanation*, Vol. 1 (1972), p. 87.

> 與現象符合的各種假設未必即為真理。因為這些假設雖然可以保全現象，但也許還有其他我們尚未想到的方法，也可用來保全這些天象。
>
> 另外一種推理方法不能用來充分證明某一原理為真，但卻足以用來顯示某一原理與我們觀察的結果相符。例如：天文學中的偏心圓及周轉圓理論，一般都認為能夠成立，因為它可用來說明我們所觀察到的天象；然而它並未得到充分的證明，因為別種理論也有可能用來說明相同的天象。

十五、十六世紀的亞里士多德學派的學者也都不承認托勒密天文學體系是對天體運動的真實描述。茲以阿契利尼 (Alessandro Achillini, 1463–1512)⑩和尼佛 (Agostino Nifo, 1473–1546)⑪為例。阿契利尼主張⑫：

> 托勒密的天體運行理論是以偏心圓運動說及周轉圓運動說為基礎的，而這兩項假說都與物理學理論不符。這兩項假設都是假的。托勒密的體系並非科學，而只是天文圖表的計算方法而已。天文學家迄未提供任何種類的證明來顯示偏心圓與周轉圓是確實存在的。至於那兩項假說所計算出來的天象，也有可能是其他原因所造成的。

尼佛則主張⑬：

---

⑩ 阿契利尼為哲學及醫學教授，在解剖學上有些貢獻，著有 *Anatomical Annotations* 一書，在他去世八年之後才出版。

⑪ 尼佛為研究亞里士多德的著名學者，曾注解亞里士多德的 *Posterior Analytics* 及 *Physics* 兩書，並曾著書主張人類靈魂不朽。

⑫ 見 Wallace 前引書，p. 151.

一個好的證明應該一方面能夠證明某原因必然會導致某結果，另一方面也能夠證明某結果必然是某原因所造成的。現在我們若假定偏心圓運動及周轉圓運動存在，則確實可以導出我們所觀察到的天象，因而這些天象得以保全。然而，反方向的證明卻不成立。由我們所觀察到的天象，無法證明偏心圓及周轉圓運動必然存在。我們只能暫時接受偏心圓及周轉圓的假設，一直到我們找到更好的原因，能夠做雙方向的證明，該假設才算完全建立。一項結果有許多可能的原因；許多不同的原因有可能會導致相同的結果。因此，由果推因，斷定該結果是某一原因所導致的，乃是錯誤的推理。天象固然可用上述假設加以保全，但也可能用我們尚未想到的別種假設來保全。

以上我們簡略的敘述貝拉明妥協方案的內容大要以及相關資料。下一節，我們將依據本節所提供的資料來分析貝拉明的建議中所蘊含的哲學觀點。

三、貝拉明方案中的哲學觀點

仔細分析上節所提供的資料，可以發現貝拉明的妥協方案中含有下面三個哲學觀點。

(I)在上節所提供的所有資料中，都提到一項重要的區別：為了說明或保全天象所設想的假說，以及對天體實際運動狀況的真實描述。其中有三項資料，把為保全天象所設想的假說稱為「方

---

⑬ 見 Wallace 前引書，p. 152.

便計算所設計假說」。這三項資料是：歐希安德的〈序言〉、歐希安德給哥白尼的回信、以及阿契利尼的論著。在貝拉明給佛士卡瑞尼的回信中，雖然沒有明白使用「計算」的字眼，但卻有「數學家應以此種假想為滿足」的字眼。很明顯的，他也認為那種假說是為計算方便而設想出來的。這種能夠說明或保全天象的假說，竟然未必是對天體實況的真實描述。這無異承認：能夠算出正確結果的數學公式未必為真。這樣的觀點，我們暫且稱之為「數學工具論」(mathematical instrumentalism)⓮。

(Ⅱ)天文學的假說既然只是為了方便計算所設計出來的假想，而非真實情況的描述，則假說中所敘述者並非實有其事，因而也就不能視其為任何現象之真正原因或結果。舉例言之，哥白尼的天文學體系既然只是計算天象的簡便方法，而非對天體運行情況之真實描述，則其假說中所敘述的地球繞太陽運行並非實有其事。換言之，地球實際上是靜止不動的；把地球假想成繞太陽運行，只是為了計算簡便而已。既然如此，則我們不能把地球轉動這一虛構的事當做任何其他現象或事件之真正原因或結果。例如：不能把它當做引起地震、潮汐等現象之真正原因，也不能把它當做慣性、引力等作用所產生的結果。因此，天文學不適於探討現象與現象之間的因果關係。歐希安德在〈序言〉中說過：「運動的真正原因是他們所無法探得的」。阿契利尼也指出托勒密的偏心圓及周轉圓運動說與物理學理論不符，而且依據其假說所計算出來的天象可能是其他原因所造成的。在此，阿契利尼暗示天文學理論

⓮ 這是筆者暫時借用的語詞，請勿與「數學實在論」(mathematical realism)、「柏拉圖主義」(Platonism) 以及「數學名目論」(mathematical nominalism) 等觀點相牽連或混淆。

探求不到天象的真正原因，物理學才能探求天象的真正原因。尼佛也強調天文學無法探求天象的因果關係，雖然他是從方法學的觀點來考慮的。他的論點，我們留待稍後討論。至於貝拉明，雖未明白提到此點，但從他的基本立場，很自然的會導出這樣的觀點。這種觀點，暫且稱之為「天文學工具論」(astronomical instrumentalism)。

(Ⅲ)天文學的學說，不論是托勒密的體系或哥白尼的體系，既然只是為了方便計算所虛構的假說，而非真實情況的描述，則這些學說是否為真即無關緊要。貝拉明、歐希安德、阿奎那及阿契利尼等人都明白表示：我們所接受而加以應用的天文學體系不須為真。其中貝拉明、歐希安德及阿契利尼甚至相信他們所應用的天文學體系是假的。他們之所以不願肯定簡便合用的天文學體系為真，乃是因為他們認為沒有明確的證據足以證明它們為真，因而沒有必要放棄原先所信仰的舊學說而改信新學說。可見，他們並不完全排除新學說成立的可能。貝拉明即明白表示：假如哥白尼的學說得到明確的證明，則我們寧可重新解釋《聖經》上的文字，使其與哥白尼的學說相符，也不願死守舊說，頑固的否定已得到明確證明的真理。

現在的問題是：他們為什麼認為這些天文學體系未得到明確的證明？一個理論或學說既然可用來圓滿的說明我們所觀察到的現象，又可用來正確的計算或預測未來的現象，難道還不足以證明該理論或學說是真實情況的描述？他們遲疑不定的理由何在？對於這個問題，貝拉明沒有任何暗示，而歐希安德、阿奎那、阿契利尼以及尼佛等人都有明確而非常相近的答案。他們很正確的指出：可用來說明或計算某一群現象的假說不止一種；換言之，針對某一群現象，我們可能構想或設計許多互不相同的假說來加以說明或計算。例如：托勒密體系、哥白尼體系及第谷 (Tycho Brahe, 1546–1601) 體系⓯都可用來說明或計算天象。這些互相衝突的理論或學說不可能都是真實情況的描述。更重要的是：在邏輯上，由假的前提可能導出真的結論。因此，由錯誤的理論或學說，有可能導出已觀察到的現象，或正確的計算出未來的現象。可見，能夠圓滿說明現象或正確預測現象（簡言之，能夠保全現象）的理論或學說，未必是真實情況的描述，而可能是錯誤的描述。按照歐希安德在給瑞棣克斯的信中所說，理論或學說愈簡便或愈適當，固然愈受歡迎，但不見得愈接近真理。然則，如何才能證明一個理論或學說為真實情況的描述？按照尼佛的主張，我們必須也能夠由所觀察到的現象導出待證明的理論或學說，證明才算完備。這樣的證明，在天文學上幾乎不可能辦到。貝拉明和歐希安德都強烈懷疑天文學假說能夠得到明確的證明。這種對天文學證明方法的懷疑態度，不妨稱之為「方法懷疑論」(methodological scepticism)。

以上分析了貝拉明妥協方案中所蘊含的哲學觀點。下面將討論伽利略為何不能接受這些觀點。

⓯ 第谷為丹麥天文學家，曾仔細觀察行星的運行，並做成詳細而準確的記錄。他所提出的天文學體系調和了托勒密和哥白尼的體系，一方面採取哥白尼的學說，認為地球以外的行星都繞太陽運行，另一方面又接受托勒密的地球中心說，認為太陽帶領其他行星一起繞地球運行。

四、伽利略的數學觀

我們在上節的第(I)點指出：要接受貝拉明的建議，必須承認能夠算出正確結果的數學公式未必為真。在本節中，我們將探討伽利略為何不能承認這樣的數學公式未必為真。

法國著名的科學史家誇黑 (Alexandre Koyré, 1892–1964) 認為伽利略以來的近代科學之特徵不在於強調實驗，而在於大量使用數學；近代科學之哲學傾向是脫離亞里士多德的經驗主義，而返回柏拉圖的理性主義⓰。誇黑這種看法在科學史及科學哲學中曾引起爭論⓱。本文不預備討論他們之間的爭論。在此，我只要指出：伽利略確實使用不少數學公式來敘述科學定律，而伽利略相信數學公式是對實際情況（尤其是運動實況）的精確描述，其精確的程度甚至超過實驗及觀察所能達到的程度⓲。我們以自由落體運動的公式為例，略加說明。

目前科學史家幾乎一致認定：伽利略並未真正做過比薩斜塔

⓰ 請閱 Alexandre Koyré, "Galileo and Plato", "Galileo and the Scientific Revolution"，及 *Galileo Studies* (1939), pp. 201–209.

⓱ 持不同意見的著作，主要有下列數種：Ludovico Geymonat, *Galileo Galilei* (1957); Maurice Clavelin, *The Natural Philosophy of Galileo* (1968); Dudley Shapere, *Galileo: A Philosophical Study* (1974)；及 Stillman Drake, *Galileo at Work: His Scientific Biography* (1978).

⓲ 請閱 Galileo, *The Assayer*, in *Discoveries and Opinions of Galileo* (ed. by Stillman Drake), pp. 237–238; *Dialogue Concerning the Two Chief World Systems*, pp. 203–208; *Dialogues Concerning Two New Sciences*, pp. 52, 242.

的實驗，完成這項實驗者是與伽利略同時代的史提維納斯 (Simon Stevinus, 1548–1620)。伽利略自己則只在斜板上做實驗而已。他取一塊 12 腕尺⓳長、半腕尺寬、三根手指厚的木板，在木板上挖一條約一手指寬的凹槽，這凹槽由木板的一端筆直的延到另一端，並用極平滑的羊皮紙貼在凹槽的表面上。然後把木板斜放，使其一端比另一端高出一至二腕尺。取一個堅硬、表面極光滑、且非常圓的銅球，放在凹槽中，令其由高的一端滾到低的一端，反覆實驗並使用水漏斗細心量度其所需時間。然後他把銅球放在距低的一端 3 腕尺的凹槽中，令其往下滾，發現它滾動 3 腕尺所需的時間是原先滾動 12 腕尺所需時間的一半。他反覆實驗各不同距離滾動所需時間，總共做了上百次實驗，其記錄如下表：

滾動距離（以腕尺為單位）	所需時間（用水漏斗任意選定單位）
0	0
2	1
8	2
18	3
32	4
50	5
72	6

伽利略觀察上面所呈現的規律性，發現距離與時間的平方成正比，其比值為 2。其間之關係有如下表：

⓳ 一腕尺 (cubit) 約等於 18 至 22 吋。

距離	時間	時間平方	距離／時間平方
0	0	0	—
2	1	1	2
8	2	4	2
18	3	9	2
32	4	16	2
50	5	25	2
72	6	36	2

由上表可得如下等式（其中 s 表距離，t 表時間）：

$$s = 2t^2$$

伽利略以不同重量的銅球做實驗，發現所得結果相同，足見重量與速度無關。

然後，伽利略調整木板的斜度，使較高的一端稍稍調高，並重覆上述的實驗。這次的實驗結果如下：

距離	時間	時間平方	距離／時間平方
0	0	0	—
3.6	1	1	3.6
14.4	2	4	3.6
32.4	3	9	3.6
57.6	4	16	3.6
90.0	5	25	3.6
129.6	6	36	3.6

由上表所得等式如下：

$$s = 3.6t^2$$

伽利略在各種不同斜度的木板上做無數次實驗，證實距離與時間的平方一定成正比，所不同的是：斜度愈大，比值也愈大，換言之，加速度也愈大。至於球體的重量則與速度無關。當木板的斜度增加到與地面垂直時，球體的滾動就變成了自由落體運動，其降落速度極快，當時的儀器無法精確量度(那時鐘錶尚未發明)。然而，伽利略已在許多不同斜度的木板上做過實驗，他想不出任何理由當斜度增加到九十度時情況會有不同；因此，他推斷自由落體的速度與物體的重量無關，而距離與時間平方成正比，其比值（亦即加速度之一半）為一定之常數。若以 g 表重力加速度，則可得自由落體運動之等式如下：

$$s = \frac{1}{2}gt^2$$

以上略述伽利略如何用實驗方法推求自由落體運動之數學等式⑳。伽利略所使用的數學式雖然與我們現在所習用的代數式不同，但所表達的數學關係並無不同。現在我們就以上面所列的三個等式為例，來說明它們如何精確的描述運動的實況。

首先，我們要指出：這些等式告訴我們距離與時間的關係；以任意數值代入 s 或 t 中的任何一項，必可求得另一項的數值。它們告訴我們的都是在某一特定斜度木板上的運動實況或自由落體的運動實況。除此之外，它們沒有其他內容。因此，若有人主張說：這些數學式只是方便計算的假設，而不是運動實況的描述；則伽利略恐怕很難瞭解這種主張的真正意含。

其次，這些等式的內容遠超過上面兩個表所能表達的範圍。等式中的 s 或 t 可以代入無限多個任意數值，上面那種圖表無法

---

⑳ 有關伽利略自由落體運動之實驗與討論，請看 Galileo, “Third Day”, *Dialogues Concerning Two New Sciences*, III, pp. 153–243.

窮盡所有可能情況。可見，使用數學概念（如：「正比」、「反比」、「平方」等）或數學式，可以更完整的表達所要描述的實況。

最後，這些等式對運動實況描述之精確，超過實驗及觀察所能達到的程度。以自由落體運動的等式為例，它可以算出任何短距離（例如：10 公分）自由落體所需之時間；而這是伽利略當時的儀器所無法精確量度的。即使在斜度不大的木板上滾動，若量度時間的儀器不太精密，則等式計算所得的結果也會比實驗的結果精確㉑。當代有人按照伽利略所敘述的方法，重覆實驗斜板滾球運動，都無法得到伽利略所宣稱的精確結果，雖然大致符合伽利略的等式。我們有理由懷疑：伽利略所宣稱的精確結果，恐怕不是完全用實驗獲得的，他也許同時參照由等式計算所得的結果。無論如何，伽利略確實認定數學是描述宇宙最精確的語言。他把宇宙當做是一本偉大的書，這本書永遠擺在我們的眼前，隨時供我們閱讀。但是我們必須先學習書中所使用的語言，才能瞭解書中的內容。而這本宇宙之書是用數學語言寫成的，其中所用的字母則是三角形、圓形等幾何圖形。不靠這些字母的幫助，人類不可能瞭解書中的任何一個字，而只能在黑暗的迷宮中徒勞往返㉒。

在伽利略看來，數學所提供的知識較之僅憑實驗與觀察所獲得的知識更為明確可靠。有關太陽黑點 (sunspots) 的爭論，他就使用數學來證明自己的主張。在 1611 年秋季，德國耶穌會教士克里斯托佛・薛納 (Christopher Scheiner, 1575–1650) 寫了三封信給奧

㉑ 反之，若量時器極端精確，而實驗結果與計算所得不符，則我們會懷疑木板不夠光滑、摩擦力太大，因此計算所得不準，實驗量得的才是實際情況的真實描述。

㉒ 請閱 Galileo, *The Assayer*, pp. 237–238.

格堡 (Augsburg) 的馬克·威爾色 (Mark Welser) 宣稱發現太陽黑點，並認定這些黑點並不是太陽表面上的東西，而是存在於太陽與地球之間或繞太陽運行的物體 (很可能是星球)。威爾色以「阿培拉」(Apelles) 為筆名發表了薛納的信函，並送給伽利略徵求意見。於是伽利略先後寫了三封信給威爾色，表示意見。這三封信上註明的日期分別為 1612 年 5 月 4 日、8 月 14 日及 12 月 1 日。他在信中表明早在 1610 年就已發現了太陽黑點，他並且證明這些黑點並非星球，而是在太陽的表面上隨太陽之自轉而移轉㉓。根據他仔細觀察的結果，發現這些黑點有三項特徵：(i)這些黑點靠近太陽中央時較粗大，而靠近太陽邊緣時較細小；(ii)它們往太陽中央移動時速度會增快，而往太陽邊緣移動時速度會減慢；(iii)越靠近太陽中央，它們互相之間的距離越大，而越靠近太陽邊緣，它們互相之間的距離越小。伽利略用幾何圖形及數學演算證明：若黑點不在太陽表面之上，而是與太陽表面隔一段距離 (即使只是一小段距離)，則上述三項特徵不會呈現出來，至少不會讓我們明顯觀察出來㉔。

從上面的例子，我們不難看出：僅憑實驗和觀察，而不用數學證明，有時不易得到明確可靠的知識。伽利略曾批評英國物理學家威廉·吉爾伯特 (William Gilbert, 1540–1603)㉕未能充分使

㉓ 有關薛納及伽利略與威爾色通信的詳細情形，請閱 Drake, *Galileo at Work*, pp. 177–213。伽利略與威爾色往返信函之英譯，請看 Drake, *Discoveries and Opinions of Galileo*, pp. 89–144.

㉔ 此項證明之細節，請看 Galileo, *Dialogue Concerning the Two Chief World Systems*, pp. 345–354.

㉕ 吉爾伯特為英國物理學家，早年習醫，曾任伊麗莎白女王之御醫，

用數學，以致推理不夠嚴謹，無法為他自己所觀察到的正確結論尋求其真正的原因 (verae causae)㉖。伽利略甚至認為數學是人類可能獲得的完美無缺的知識，其完美的程度幾乎可以和上帝所擁有的知識相提並論。照伽利略的看法，人類雖然瞭解許多事物，但與上帝之無所不知相比，根本微不足道。這是就瞭解之廣度而言。再就瞭解之深度來說，上帝對每一事物都有完美的瞭解，都瞭解其絕對的必然性。反之，人類則只有在數學（包括幾何與算術）領域內能夠瞭解其必然如此的道理。數學證明乃是由簡單的前提，一步一步推出結論，其中每一個推理步驟都是簡單而容易瞭解的。透過這樣的推理步驟，人類不難瞭解數學命題之絕對必然性。上帝當然不必透過這樣笨拙的程序，祂只要用簡單的直覺就能瞭解最複雜的數學命題之絕對必然性。但無論如何，在數學領域內，人類能夠掌握到絕對的必然性，其瞭解的深度勉強可與上帝之瞭解相提並論㉗。可見，在伽利略的心目中，數學是人類可能獲得的最完美的知識。

伽利略既然採取這種數學觀，則很難贊同上節所說的數學工具論的立場。

並研究化學達十八年之久。後來興趣轉移，從事電學及磁學之實驗，成果豐碩。其名著 *De Magnete* 於 1600 年出版（英譯本 *On the Loadstone and Magnetic Bodies, and on the Great Magnet, the Earth*。由 P. F. Mottelay 翻譯，1893 年出版於倫敦），為磁學開山之作。

㉖ 請看 Galileo, *Dialogue Concerning the Two Chief World Systems*, p. 406.

㉗ 請看 Galileo 前引書，pp. 103–104.

五、伽利略的因果觀

我們在第三節第(II)點指出：若接受貝拉明的建議，則不能把地球轉動這一件事當做任何其他現象的原因。在本節中，我們要指出：伽利略確實把地球轉動當做促成某些現象的原因，因而不能接受貝拉明的建議。同時，我們也將進一步申論伽利略的因果觀。

早在 1616 年，伽利略就寫了一本探討海潮漲落的書，書名英譯為：*Discourse on the Ebb and Flow of the Seas*，並接受歐希尼樞機主教 (Cardinal Orsini) 之邀請，就此問題與主教之一群朋友做非公開的辯論。後來又在 *Dialogue Concerning the Two Chief World Systems* (1632) 中的 "The Fourth Day" 重新申論早年的學說㉘。他主張海水的漲潮與退潮是由於地球的自轉與公轉所引起的。他還特地聲明：潮汐現象是地球轉動的有力證據，因為潮汐是地球上的現象，我們可以直接觀察到。在此我們必須指出：伽利略對潮汐現象之原因的說明是錯誤的，而且與他自己在同書中 "The Second Day" 所提出的相對性原理 (principle of relativity) 相衝突。按照此原理，不管地球如何移動，住在地球上的人，只要不去觀看天象而只看地球上的物體，則一定不會知覺到地球的移動；因為地球上的人和物一起做相同的移動，因此不會感覺到和靜止不動時有何不同㉙。他提出此原理的目的是要回答別人的反駁。不相信地球轉動的人反駁伽利略的地動說，認為若地球真的轉動，

㉘ 請看 Galileo 前引書，pp. 416–465.

㉙ 請看 Galileo 前引書，pp. 114–116.

我們一定會感覺到。於是伽利略就提出相對性原理來答覆。然而，當他要找積極的證據來證明地球轉動時，卻找到了潮汐現象；他竟然忘記按照相對性原理地球轉動不應該會引起海潮的漲落。我們只能說：伽利略急於證明自己所深信的真理而自亂章法。

然而，我們這裏所關心的不是伽利略的潮汐理論是否正確，是否與他自己的其他學說相衝突。我們在此感到興趣的是伽利略把地球轉動當做促成海潮漲落的原因。可見在他的心目中，地球自轉並繞太陽運行乃是千真萬確的事實，而不僅是為了方便計算所虛構的假設。在他看來，天文學工具論的立場是難以接受的。

奧地利物理學家耶恩斯特·馬赫 (Ernst Mach, 1838–1916)[30] 在其名著 *The Science of Mechanics* (1883) 一書中以四十頁的篇幅探討伽利略在力學方面的成就[31]。他對伽利略的科學工作提出一

---

[30] 馬赫是奧地利物理學家及哲學家，著有 *The Science of Mechanics* (1883) 及 *The Analysis of Sensations* (1886)。他主張科學知識的基礎是由感覺器官所獲得的經驗；而科學的目的是要尋求感官經驗相互間的關係，使我們能夠根據已有的感官經驗來預測並進而掌握未有的感官經驗。因此，科學的基本功能在於描述感官經驗之間的關係，包括過去及未來的關係，而不在於說明為何會有某種感官經驗，也不是要說明感官經驗之間為何會有某種關係。企圖對感官經驗之發生及其間關係，探求其所以如此的原因，實超出我們的感官經驗，而為人類的知識能力所無法達成的。在科學定律與理論中，即使出現超越感官經驗的抽象概念，例如：原子、場等概念，也不是要描述這些抽象體，更不是要使用這些抽象概念來說明感官經驗之所以然的原因。這些概念之使用，不過是用來幫助我們對感官經驗之間的關係，做較簡明的描述而已。抽象概念只是為了方便而使用的工具，科學家使用抽象概念，並不表示承認有抽象體的存在。

[31] 請閱 Mach, *The Science of Mechanics*, pp. 151–190.

個很有趣的看法。他認為思想成熟以後的伽利略已經不再追問「為什麼」(why)，而只問「如何」(how)；例如：只問「物體如何落地?」「以何種速度降落?」而不問「它為什麼會降落?」「為什麼會以某種速度降落?」馬赫認為這是近代科學的特色。按照馬赫此種看法，豈不表示思想成熟之後的伽利略理應可以接受第三節第(II)點所說的天文學工具論，而不必把地球之轉動看做是任何現象之原因或結果?

首先，我們要指出：馬赫所謂「不追問為什麼」，乃是指不追究最後之因，不企圖用這種最後之因來說明現象；馬赫很難否認伽利略及近代科學家企圖用地球轉動或月球引力來說明為什麼會有潮汐現象。伽利略在所謂「思想成熟之後」[32]的著作中，企圖尋求現象之原因的例子真是不勝枚舉。在 *Discourse on Floating Bodies* (1612) 一書中，他詳細討論物體為何會浮出水面或沉入水中的原因。他還特別強調是因為不滿意亞里士多德的說明，才決定徹底探討物體浮沉之真正原因。在 *The Assayer* (1623) 一書中，他探討熱的成因，認為我們熱的感覺乃是由於微粒子運動衝擊我們的感覺器官所造成的[33]。在 *Dialogue Concerning the Two Chief World Systems* (1632) 一書中，他也探討了磁鐵之所以會吸引鐵塊的原因，並強調「新結果必須尋求新原因」[34]。

---

[32] 馬赫所謂的「思想成熟期」是指伽利略在巴度亞 (Padua) 居住的時期，見 Mach, *The Science of Mechanics*, p. 155；而根據 J. J. Fahie, *Galileo: His Life and Work* (1903) 的記載，伽利略是於 1592 年由比薩 (Pisa) 大學轉到巴度亞大學執教的。

[33] 請閱 Galileo, *The Assayer*, pp. 266–268.

[34] 請閱 Galileo, *Dialogue Concerning the Two Chief World Systems*, pp.

其次，我們要指出：即使思想成熟之後的伽利略果真不追問「為什麼」，果真不尋求促使現象產生之原因，也不表示他否定原因的存在。原來伽利略早年在比薩大學教學時是亞里士多德的忠實信徒。從他早年的讀書筆記或授課筆記中，可以看出他似乎完全接受亞里士多德對運動的原因所做的說明㉟。但是，在1591–1592年完成的著作 *De motu*㊱中，卻明白的反對亞里士多德的運動理論。亞里士多德認為物體脫離投射者之後仍會繼續移動而不會立刻停止，乃是因為空氣扮演媒介的角色，把投射者的力量轉移到物體的緣故；換言之，投射者投射物體時已帶動空氣，等物體脫離投射者之後，則改由已被帶動的空氣載運物體繼續移動。伽利略在 *De motu* 第十七章反駁了亞里士多德的理論，並提出動力 (motive force) 概念來說明投射運動。他在該書中曾明白宣稱：亞里士多德有關運動的理論全都違背真理㊲；並表示他自己的理論才能說明運動的真正原因㊳。由此可見，伽利略在寫作 *De motu* 時期雖已不滿意亞里士多德有關各種運動現象之原因的說明，但他本人仍然企圖尋求各種運動現象之真正原因。此書完成之時恰好是伽利略在比薩大學執教之最後一年，也就是馬赫所謂「思想成熟期」之開始，但仍無跡象顯示其將放棄原因之追尋。

伽利略明白表示不追究運動現象之原因的文字，出現於

407–408.

㉟ 請閱 William A. Wallace, *Prelude to Galileo*, pp. 286–294.

㊱ *De motu* 之英譯本收入 I. E. Drabkin 和 S. Drake 編譯的 Galileo Galilei, *On Motion and on Mechanics*.

㊲ Galileo 前引書，p. 76.

㊳ Galileo 前引書，p. 89.

Dialogues Concerning Two New Sciences 一書討論自由落體運動之加速度的段落[39]。在該段落出現的脈絡中，他企圖證明物體自由降落的速度由慢而快，與其降落所經過之時間成正比，而不是與其所經過的空間距離成正比，並且與物體之重量無關。在討論過程中，他的辯論對手一再談到自由落體運動加速度的原因。於是，伽利略就表示：「此刻不是探討加速運動原因的切當時機。有關此問題之學說極多；這些各色各樣不同的幻想，有必要一一加以考察。但它們實在沒有多大價值。目前所要探討的是加速運動的特性，而不是它的原因。」[40]在這段文字中，伽利略只表示「此刻」正在討論加速運動的特性，不是探討其原因的適當時機；他並未表示其原因不必追究或不值得追究。他固然對各色各樣有關加速運動原因之學說均不滿意，認為無多大價值，並稱之為「幻想」。但這不表示他認為真正的原因不值得追求，更不表示他否認原因之存在。

六、伽利略的方法論

從第三節的第(III)點，我們知道：貝拉明認為地球轉動說迄未得到明確的證明。在本節中，我們將指出：貝拉明等人對證明的要求太過嚴苛，伽利略難以接受。

我們在該節中曾提到尼佛對明確證明的要求，並指出天文學無法滿足那樣的要求。其實，不只天文學，幾乎所有科學定律都

---

[39] Galileo, *Dialogues Concerning Two New Sciences*, pp. 166–167.

[40] 此段中文只是重述 Salviati 回答 Sagredo 的文字之大意，並非逐字迻譯。在該書中，Salviati 是伽利略的代言人。

無法從所觀察到的現象導出。從邏輯的觀點來說，可用來說明某一群現象的假說絕對不止一個。但是，實際上，由於人類想像力的限制，倒是有可能想不出還會有其他假說可以說明同一群現象；也有可能以現有的背景知識，我們很自然的會想到某一個假說，而其他可能的假說都顯得極為牽強。舉例言之，我們在第四節曾列出兩個表顯示銅球在斜板上滾動的距離與其所需時間的比例。任何人看到表上的數據，很自然的會提出一個假設：距離與時間之平方成正比；亦即：$s \propto t^2$，其中一個表為 $s = 2t^2$，另一表為 $s = 3.6t^2$。但這不是唯一可能的假設，我們很容易可以想出別種假設。例如：我們可以設想距離 s 和 $(100 - |100 - t|)$ 的平方成正比；亦即：$s \propto (100 - |100 - t|)^2$，其中一表為 $s = 2(100 - |100 - t|)^2$，另一表為 $s = 3.6(100 - |100 - t|)^2$。這個假設也完全符合表上的數據，但根據我們的背景知識，我們很難接受這樣的假設。我們幾乎不可能想像：當時間超過 100 個單位之後，距離會逐漸縮短；到 200 單位時，距離變成 0；然後再逐漸增長。以我們現有的背景知識看來，原先的假設（即：$s \propto t^2$）最為自然，其他假設都未免牽強。然而，這種情況大多出現在比較具體的假說之中，在抽象層次較高的科學理論中，往往有相當大的空間可以發揮人類的想像力，可以設想許多不同的假設來說明同一群現象。例如：日常生活中所看到的燃燒現象可用燃素說 (phlogiston theory) 來說明，也可用氧化說來說明[41]；日常生活中所觀察到的許多有關熱的現象可

---

[41] 有關燃素說及其被氧化說取代的詳情，請閱 James Bryant Conant, "The Overthrow of the Phlogiston Theory: The Chemical Revolution of 1775–1789"，見 James B. Conant and Leonard K. Nash (eds.), *Harvard Case Histories in Experimental Science*, Vol. 1, pp. 65–115.

用熱素說 (caloric theory) 來說明，也可用動力說 (kinetic theory) 來說明[42]；此外，真空管吸水的現象既可用「宇宙厭惡真空」的理論來說明，也可用大氣壓力 (atmospheric pressure) 來說明[43]。上面所舉的例子最後都由某一個假設取代另一個假設，因為最後發現某些現象是原先的假設無法說明，而新假設卻能加以說明。例如：燃燒過的物體比未燃燒之前較重，此現象燃素說很難做圓滿的說明，而氧化說則可輕易加以說明。但是，在尚未發現這類現象之前，兩個假設都對同一群燃燒現象提供令人滿意的說明。無論如何，我們永遠有可能設想兩個以上不同的假設，足以個別說明同一群現象。尼佛等人認為只要有提出不同假說的可能，則不可能有明確的證明。按照他們這種主張，比較抽象的科學理論均無法建立。

近代科學所常用的一種方法叫做「假設演繹法」(Hypothetico-Deductive Method)，簡稱「H-D 法」。這種方法的步驟可略述如下[44]：(i)憑想像力、背景知識以及對現象的熟習，設想出一個假設 H 來說明一群已知的現象 P_1、P_2、…、P_n。所謂「H 說明 P_1、P_2、…、P_n」，意即：由 H 以及其他已知為真的輔助前提，用演繹法導出 P_1、P_2、…、P_n。(ii)由 H 及其他已知為真的

[42] 有關熱素說及其被動力說取代的詳情，請閱 Duane Roller, "The Early Development of the Concepts of Temperature and Heat: The Rise and Decline of the Caloric Theory"，見 Conant and Nash (eds.)，前引書，pp. 117–214.

[43] 有關這兩個理論，請閱 James B. Conant, *Science and Common Sense*, pp. 63–96.

[44] 關於 H-D 法，請閱 Carl G. Hempel, *Philosophy of Natural Science*, pp. 3–46.

輔助前提，導出未知的現象 Q。(iii)靠實驗或觀察來判斷 Q 是否與事實相符。若相符，則 H 增加了些許可靠程度；反之，若不相符，則 H 必須放棄或修正。(iv)若 H 所能說明的現象愈多，或所做的正確預測愈多，則 H 的可信度就愈高。高到某一程度，我們就認為可以接受，而把它當做已建立的理論。

上述 H-D 法有兩點必須說明。第一，在步驟(i)中，用來說明現象 P_1、P_2、…、P_n 的假設 H，是靠想像力、背景知識以及對現象的熟習而設想出來的。這往往是極富原創性的工作，而不是呆板的例行事務。在邏輯上並沒有一套法則或方法能夠指引我們如何由 P_1、P_2、…、P_n 導出 H。我們只能嘗試性的提出假設 H，然後使用邏輯規則由 H 及其他輔助前提導出 P_1、P_2、…、P_n。在尚未提出 H 之前，邏輯規則無從適用。換言之，邏輯規則只能指引我們如何用已設想出來的假設來說明現象，而無法指引我們如何去設想假設。因此，尼佛要求我們由所觀察到的現象導出待證明的理論或學說，在 H-D 法中是辦不到的。第二，在步驟(iv)中，一個假設 H 要成為已建立的理論而令人接受，必須要能夠說明眾多現象並預測眾多正確結果。但不論其已說明多少現象或已預測多少正確結果，隨時都有可能發現新的現象與 H 不符，隨時都有可能得到錯誤的預測。換言之，已建立的理論永遠有可能被新發現的現象所推翻，而必須放棄或修正。因此使用 H-D 法不可能得到貝拉明和歐希安德所要求的明確證明。

上述的 H-D 法有許多可以批評的缺點；事實上，目前有不少科學哲學家對它頗多批評[45]。但這不是我們的要點。我們的要點

---

[45] 請閱 Thomas S. Kuhn（孔恩），*The Structure of Scientific Revolutions*; Paul K. Feyerabend（費雅耶班），*Against Method*.

是伽利略常常使用這個方法。在第四節，我們曾略述伽利略在斜板上做銅球滾動實驗，並得到距離與時間平方成正比的定律。這個定律是伽利略依據實驗結果而設想出來的。沒有任何邏輯規則能夠引導他由第四節表中所列的距離和時間，推得該定律。但是，一旦假設提出之後，就可依據邏輯規則由假設求得表中的數據，因而已知現象得到說明，甚至能夠求得表中所未列的數據，因而做出預測。伽利略做了上百次的實驗，都與假設相符，亦即與由假設所推出的預測相符。於是，他就認定該假設可以接受，而把它當做已建立的定律。然而，不論此定律得到多少實驗的支持，沒有人敢保證以後所做的實驗也一定會與此定律相符。它隨時都有被推翻的可能。

伽利略的斜板銅球滾動實驗不但幫助他求得距離與時間平方成正比，而且還使他想出慣性定律 (law of inertia)[46]。他用兩塊長度相同的斜板，各與水平面成相等之角度，且令兩板較低之一端

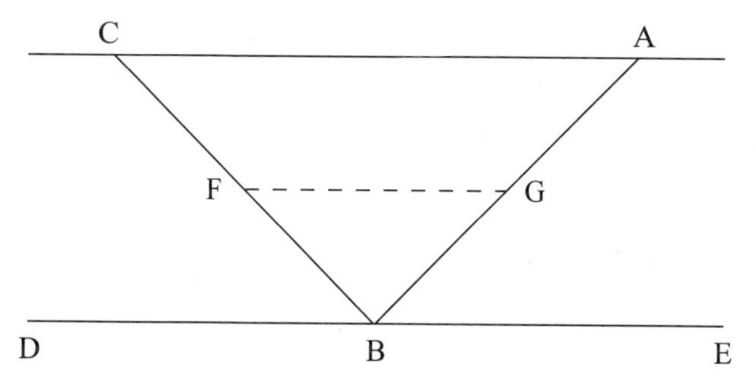

相接，因而較高之一端距水平面之高度相等，如上圖所示。令銅球由 A 往下滾，則以加速滾到 B 之後改以減速往上滾到 C，然後再以加速往下滾。如此來回滾動，正如擺錘之來回擺動一樣[47]。

[46] 請閱 Galileo, *Dialogues Concerning Two New Sciences*, pp. 215–217.

若令銅球由 G 開始往下滾，則以加速滾到 B 之後改以減速往上滾到 F，然後再以加速往下滾。F 和 G 與水平面等距離。可見銅球在 G 的初速與在 F 的末速相等；因而推測：銅球在 AB 上任意一點 G 開始往下滾到 B 所增加的速度，與該球由 B 繼續往 C 上滾到 G 的等高點 F 所減少的速度相等。伽利略由此提出一項假設：若把 BC 板拿開，使由 AB 滾下的球循水平面 ED 滾動，則因為永遠達不到 G 的等高點，所以理當永遠繼續滾動而不停止，又因為在水平面滾動既無加速又無減速，故理當以等速在水平面上滾動。其實，在伽利略的斜板實驗中，由 A 往下滾的銅球，到達 B 之後再往上滾，並未能真正到達 C；由 G 往下滾的銅球也未能真正往上衝到 F。伽利略所描述的實驗結果，只有在沒有摩擦力及空氣阻力的理想狀態下方有可能。因此，由實際上的實驗結果，得不到加速度與減速度相等的結論，更得不到會在水平面上永遠等速滾動的結論。這些結論只是伽利略依據實驗結果所提出的合理的假設或推測而已。事實上，伽利略依據實驗結果所設想的假設，大多是針對假想中的理想狀態而提出的。這樣的假設更無法由實驗結果，使用機械性的邏輯規則推論出來。設想這類假設需要有高度的想像力。

另外一個針對理想狀態的假設是真空中的自由落體運動定律[48]。伽利略把各種不同物質做成的球（例如：金球、鉛球、銅球、紅巖石球）放入各種不同的介質（例如：水銀、水、空氣）中。在水銀中，只有金球會沉到底，鉛球、銅球、紅巖石球均浮出水面上而不下沉。在水中，重球下沉速度較快，輕球下沉較慢。

---

[47] 伽利略有關擺錘運動之說明，請閱前引書，pp. 95–98.

[48] 伽利略有關真空中自由落體運動的說明，請閱前引書，pp. 65–72.

在空氣中，則各種球下降的速度幾乎相等。在多次實驗之後，伽利略發現：在較濃密的介質中，各種不同物質的下沉速度相差較大；介質越稀薄，則各物質之下沉速度越接近。他據此提出一項假設：影響物體下沉速度者乃是介質對物體的浮力；因此在沒有任何介質的真空中，各物質的下降速度理當相等，不受下降物重量之影響。很顯然的，這個假設也無法依照邏輯規則由其實驗結果推論得來。它只是足以說明上述實驗結果的許多可能假設之一而已。我們可以設想另一種可能：在真空中，各種物質下降的速度雖然非常接近，但仍不相等，比重較大的物質下降的速度仍然稍快；在非真空中，則因加上介質浮力作用，故速度之差異較明顯，且介質越濃密，差異越大。這個假設也足以說明上述實驗的結果。

這類涉及理想狀態的假設能夠用來說明及預測非理想狀態下的現象。例如：慣性定律雖然是敘述無摩擦力的理想狀態下的運動，但只要把摩擦力的因素加入考慮，仍可用以說明非理想狀態下的運動。又如：自由落體定律雖然是敘述真空中的落體運動，但只要把介質的浮力算進去，仍可用來說明或預測非真空中的落體運動。同樣的，這類假設也不一定要在理想狀態下才能加以推翻。如果實驗結果發現：越接近理想狀態，與假設所預測的結果差距越大，則假設就可被推翻。例如：若發現在空氣較稀薄的情況下，各物質下降速度的差距較大，而在較濃密的空氣中，其速度差距反而較小，則上述真空中自由落體定律即可被推翻。只要沒有發現這種足以推翻假設的情況，而假設又足以說明許多已知的現象，並正確預測未知的現象，我們就可接受該假設，把它當做已建立的理論或定律。我們不能因為它無法得到絕對的保證而加以排斥。

以上我們所舉伽利略使用 H-D 法的例子，例如：斜板上滾球運動、自由落體運動、慣性定律等，都是地球上的運動（即所謂 "local motion"）。它們都是屬於當時物理學的領域，而非天文學的領域。貝拉明認為 H-D 法是天文學的方法，可靠性不高。伽利略以及許多近代科學家卻在天文學和物理學上都使用此方法。伽利略早在 1606 年，當他還相信托勒密的假設時，就曾詳細敘述 H-D 法，並為托勒密使用此方法加以辯護㊾。在 1632 年出版的 *Dialogue Concerning the Two Chief World Systems* 一書中的 "The Third Day" 再度為自己使用 H-D 法辯護。其實，早在 1581 年，耶穌教會的天文學家克里斯多佛・克拉威斯 (Christopher Clavius, 1537–1612)㊿在 *In Sphaeram Ionnis de Sacro Bosco* 一書第三版談到天文學假設時，就曾為 H-D 法做詳細的辯解，並指出物理學也同樣使用 H-D 法51。他主張：如果有人想要反駁由 H-D 法所建立

㊾ 請看 Galileo, *Trattato della sfera ovvero cosmografia*, in *Le opere di Galileo Galilei*, II, pp. 211–212. 此段文字之英譯，請看 Ralph M. Blake, "Theory of Hypothesis among Renaissance Astronomers", in *Theories of Scientific Method* (ed. by Edward H. Madden), pp. 43–44.

㊿ 克拉威斯是羅馬學院的名天文學家，精通曆法。

51 克拉威斯這本著作之第一、二版（1570 年及 1575 年）均未談到天文學假設，第三版(1581 年)才涉及此問題。此書自 1570 年初版到 1618 年共出了十一版。其中有關天文學假設之討論長達二十七頁 (pp. 416–442)，其英文摘譯請看 Blake, "Theory of Hypothesis among Renaissance Astronomers", pp. 32–35; R. Harré, *The Philosophies of Science*, pp. 84–86；以及 Pierre Duhem, *To Save Phenomena*, pp. 93–95.

的理論，最好能夠提出更好的假設來說明同樣的現象；若不做這樣的努力，而只憑空指責由 H-D 法所求得的某一假設並非唯一的可能假設，或指責能說明或預測現象之假設未必是真實情況的描述，則這樣的反駁難以令人接受。他並指出：自然哲學（natural philosophy，古代對物理學的稱呼）以及其他由果求因的學問都使用 H-D 法；因此，否定此方法之可靠性，足以摧毀哲學家（指自然哲學家）所已發現的一切自然科學原理。克拉威斯的方法論對伽利略頗有影響。伽利略早年的授課筆記曾詳細摘錄克拉威斯有關方法論的文字[52]。很明顯的，伽利略早年即接受克拉威斯的觀點，直到晚年未曾改變。

近代物理科學的特徵之一，就是物理學與天文學合流。兩者共用相同的科學定律及科學方法。認為天文學假說不描述物理實在 (physical reality)，乃是不合近代科學潮流的見解。伽利略的科學工作在此潮流中扮演重要的角色。懷疑天文學的方法論，而不懷疑物理學的方法論，恐怕是他所無法接受的。下一節將對此做較詳細的論述。

七、物理學與天文學的合流

要討論伽利略在物理學與天文學合流中所扮演的角色，必須先略述亞里士多德的宇宙論 (cosmology)[53]。亞里士多德把宇宙分

---

[52] 請閱 William A. Wallace, "Galileo and the Doctores Parisienses", *Prelude to Galileo*, pp. 192–252; Wallace, "Introduction", *Galileo's Early Notebooks: The Physical Questions*, pp. 1–24.

[53] 有關亞里士多德的宇宙論及其相關學說，詳見 Aristotle, *Physics* 及

成兩部分：上天 (heaven) 與地上 (earth)，兩者以月球運行的軌道為分界。軌道之外的物體 (superlunary bodies) 屬於天上物 (celestial bodies)，軌道之內的物體屬於地上物 (terrestrial bodies)。上天是完美的，天體的運行是永不停止的等速圓形運動[54]，天上物是由永不變化的元素所構成的，此元素稱為「以太」(ether)[55]。地上則非完美世界，地上物是由土 (earth)、水 (water)、氣 (air)、火 (fire) 四種元素所構成的。各元素均有其天然位置 (natural place)，均有往其天然位置移動的傾向。土的天然位置是地球中心，故有往地心移動的傾向。水的天然位置在土之外層，因其較土為輕，空氣的天然位置在水之外層，火的天然位置在氣之外層。石頭自由落體運動是返回其天然位置。水蒸氣上昇是因為水已加入火的元素，故向火的天然位置移動；火的元素除去之後，又還原成純水，而降落到水的天然位置——即地面。這種返回其天然位置的運動與天體的圓形運動同屬於自然運動 (natural motion)。與之相對的則是外力運動 (violent motion)，例如：颱風將石塊吹離地面，馬拉動馬車等。天體的自然運動是永不停止的等速圓形運

On the Heaven。較簡略的介紹及論述，請閱 Vincent Edward Smith, *Science and Philosophy*, Ch. 1, pp. 9–32; M. Clagett, *Greek Science in Antiquity*, pp. 86–89; J. Dreyer, *A History of Astronomy from Thales to Kepler*, Ch. 5, pp. 108–122; Thomas S. Kuhn, *The Copernican Revolution*, Ch. 3, pp. 78–99.

[54] 亞里士多德認為天體永不停止的等速圓形運動，正可顯示上天之完美。因為這種運動使天體極有規律的重覆固定的軌道，定期返回其過去經過的位置，因而使上天永遠維持一定的狀況。請閱 Aristotle, *Physics*, VIII，及 *On the Heaven*, I.

[55] 亞里士多德的「以太」與近代科學的「以太」不同。

動。地上物的自然運動，例如：石頭降落、火焰上昇，卻是上下直線運動；而且返回其天然位置之後，若不加外力，即停止不動。可見，上天與地上乃是兩個截然不同的世界，不但構成物體的元素不同，運動的定律也不相同。

依照亞里士多德的宇宙論，地球雖不完美，但卻是宇宙的中心，一切天體均環繞地球而運行。這種地球中心說以及上天地上兩截說，自古希臘早期一直到十六世紀，主導西方自然哲學及宗教思想幾達兩千年之久。從哥白尼開始而由牛頓完成的科學革命，才徹底揚棄了這種古老的宇宙觀。伽利略的科學工作在科學革命中所扮演的角色，可分消極與積極兩方面來敘述。消極方面：(i)他證明太陽表面上有黑點，月球表面崎嶇不平，有山有谷，與地球相似；因此上天完美的形象值得懷疑，天上物與地上物元素不同之說也不可靠。(ii)他發現木星有四顆衛星，可見並非一切星球都環繞地球運行，其他星球也可做為別的星球運行的中心[56]。(iii)他證明自由落體的速度與物體重量無關，否定了亞里士多德天然位置的部分學說。亞里士多德認為自由落體運動是物體返回其天然位置而引起的，物體越重則其返回天然位置之驅力越強，故降落的速度也越快。(iv)他用斜板滾球實驗，證明慣性定律，否定了亞里士多德地上運動及外力運動的學說。亞里士多德認為上天的運動才會永不停止；地上的運動，不論是自然運動還是外力運動，最後都會停止。外力運動在外力停止運作之後，物體仍繼續運動（例如：石頭在脫離投擲者的手之後，仍繼續飛行），乃是由於介質（例如：空氣）帶動的緣故。這種帶動作用會逐漸減弱，最後完全停止。

---

[56] 請閱 Galileo, "The Starry Messenger", pp. 51–58.

上述四項只消極的否證亞里士多德的某一部分學說，或減低其可靠性，並未積極的證明上天與地上確實可適用相同的科學理論。物理學與天文學的合流，在牛頓手中才完成。他的力學或運動理論，既可說明或預測地球上的物理現象，也可用來處理天文現象。伽利略的某些科學研究成果，可視為物理學與天文學合流的前奏。茲分項略述如下：(i)伽利略的慣性定律不但消極的否定了亞里士多德的運動學說，而且積極的為牛頓的運動理論奠定基礎。這個定律後來成為牛頓的第一定律[57]。亞里士多德的運動理論與牛頓的理論有一重大差異。亞里士多德認為：力是運動的原因，力與速度成正比；當力等於零時，速度也等於零；換言之，沒有力，運動即停止。因此，他才必須以介質帶動來說明為何石頭離開投擲者的手之後，還會繼續飛行。反之，牛頓則認為：力是加速度的原因，力與加速度成正比；若力等於零，則加速度也等於零。因此，不加外力，物體永遠靜止或做等速運動，可見伽利略的慣性定律已為牛頓理論預做鋪路工作。(ii)他依據自由落體定律及慣性定律來證明拋射體 (projectile) 的運行軌道是拋物線 (parabola)[58]。拋射體從最高點往下降落的速度及其所需時間，可

---

[57] 茲分別抄錄伽利略與牛頓之慣性定律的英譯如下：

"...motion along a horizontal plane is perpetual; for, if the velocity be uniform, it cannot be diminished or slackened, much less destroyed." Galileo, *Dialogues Concerning Two New Sciences*, p. 215.

"Every body continues in its state of rest or of uniform motion in a right line unless it is compelled to change that state by force impressed upon it." Newton, *Mathematical Principles of Natural Philosophy*, p. 13.

[58] 請閱 Galileo, "Fourth Day", *Dialogues Concerning Two New Sciences*, pp. 244–245.

依照自由落體定律來計算；而拋射體往水平面方向的進行速度，則依照慣性定律以等速進行。這兩個方向（垂直及水平）的運動合成的結果即形成拋物線。這個結果，在消極方面，可用來說明：地球既然在轉動中，為何自由落體運動，在地球上的人看起來是垂直下降？因而可對地動說的反駁論點提出有力的回答。但更重要的是：在積極方面，這種運動合成的方法和結果，與後來牛頓所使用的方法和所得的結果，非常相近。牛頓使用同樣的方法，把星球直線方向的慣性運動和星球間引力所導致的運動，合成曲線運動。

上面的敘述，目的不在強調伽利略對牛頓的影響或對科學革命的貢獻。事實上，慣性概念及拋射物運行軌道都不是伽利略首先提出的；而牛頓是否讀過伽利略的 *Dialogues Concerning Two New Sciences*，是否正確瞭解伽利略的慣性概念，科學史家並無定論[59]。我們在此所要強調的是：伽利略已有一些概念和牛頓力學中的重要概念非常相近；他很明顯的已走上了物理學與天文學合流的大道。但他並沒有完成這種統合的工作。牛頓力學中尚有一些重要概念（例如：質量、萬有引力、反作用等概念）是伽利略所沒有的。伽利略因為沒有萬有引力概念，故無法像牛頓那樣，用慣性定律和引力定律來說明星球運行的軌道，導出凱卜勒定律 (Kepler's laws)。因此，他仍認為上天的自然運動或慣性運動的軌道是圓形的，而不是直線[60]。

---

[59] 請閱 I. Bernard Cohen, *The Newtonian Revolution*, pp. 129, 194–195.

[60] 其實，照伽利略看來，地球既然轉動不停，則在地球上的直線運動（如：水平慣性運動、自由落體運動）實際上是曲線或圓形運動。請閱 Galileo, *Dialogue Concerning the Two Chief World Systems*, pp.

八、結　論

綜上所述，伽利略的科學工作，不論研究對象是天體的現象還是地球上的現象，都使用相同的研究方法，其目的都是要精確的描述現象，並探求其真正的原因。他認為數學是描述大自然最精確的語言，最適宜用來探求真正的原因。因此，他不能接受數學工具論的立場。又因為他企圖用天文學理論來說明天體現象及地上現象的原因，因此，也不會接受天文工具論的觀點。最後，他不會懷疑天文學所使用的假設演繹法，因為他使用相同的方法研究地球上的運動現象，已經得到豐碩的成果。

由伽利略看來，貝拉明的建議中所蘊含的哲學觀點，都與當時科學的新趨勢背道而馳。依據史提曼·德瑞克 (Stillman Drake) [61] 的研究，伽利略之所以不接受貝拉明的建議，並不是故意要和教會抗爭，而是基於愛護教會的立場。他很清楚的看出天文學發展的趨勢，遲早會證明地球中心說和上天地上兩截說是錯誤的。他苦口婆心的勸告當時教會的有力人士，早日放棄亞里士多德的宇宙論，對《聖經》的文句不要堅持僵硬的解釋，嚴格的劃清宗教與科學的界線，使得宗教教義不致與未來任何科學的發

165–167.

[61] 德瑞克為著名科學史家，加拿大多倫多大學科學史教授。伽利略主要著作的英譯本，都是由他重譯或首次翻譯，為當代研究伽利略之權威。著有 *Galileo Studies: Personality, Tradition, and Revolution* (1970), *Galileo at Work: His Scientific Biography* (1978), *Galileo* (1980).

展相牴觸[62]。本文則從哲學觀點指出：伽利略之所以不接受貝拉明的建議，並不是不願意與教會妥協，而是因為該建議中對數學、天文學以及方法學的觀點，都與未來的科學趨勢相牴觸。德瑞克的科學史研究與本文的哲學分析，所得到的結果是一致的。

參考書目

Aristotle. *Physics* (translated by R. P. Hardie and R. K. Gaye). In *The Complete Works of Aristotle* (The Revised Oxford Translation; ed. by Jonathan Barnes). Princeton: Princeton University Press, 1984.

Aristotle. *On the Heaven* (translated by J. L. Stocks). In *The Complete Works of Aristotle*. Princeton: Princeton University Press, 1984.

Armitage, Angus. *The World of Copernicus*. New York: The New American Library, 1951.

Clagett, Marshall. *Greek Science in Antiquity* (revised edition). New York: Collier Books, 1955.

Clavelin, Maurice. *The Natural Philosophy of Galileo: Essay on the Origins and Formation of Classical Mechanics* (translated by A. J. Pomerans). Cambridge: The Massachusetts Institute of Technology Press, 1974.

Cohen, I. Bernard. *The Newtonian Revolution with Illustrations of the Transformation of Scientific Ideas*. Cambridge: Cambridge University Press, 1980.

Conant, James B. *Science and Common Sense*. New Haven: Yale University Press, 1951. 中譯本：趙盾譯，《科學入門》，香港：今日世界出版社，1964。

Conant, James B. "The Overthrow of the Phlogiston Theory: The Chemical Revolution of 1775–1789". In *Harvard Case Histories in Experimental Science* (ed. by James B. Conant and Leonard K. Nash). Cambridge:

[62] 請閱 Drake, "Introduction", *Galileo*, pp. 1–7, and Ch. 6, pp. 80–93.

Harvard University Press, 1948.

Drake, Stillman. *Discoveries and Opinions of Galileo*. New York: Doubleday & Company, Inc., 1957.

Drake, Stillman. *Galileo at Work: His Scientific Biography*. Chicago: The University of Chicago Press, 1978.

Drake, Stillman. *Galileo*. New York: Hill and Wang, 1980. 中譯本：劉君燦譯，《伽利略》，臺北：聯經出版事業公司，1983。

Dreyer, J. L. E. *A History of Astronomy from Thales to Kepler*. New York: Dover, 1953.

Duhem, Pierre. *To Save the Phenomena: An Essay on the Idea of Physical Theory from Plato to Galileo* (translated by Edmund Doland and Chaninah Maschler). Chicago: The University of Chicago Press, 1969.

Feyerabend, Paul K. "Explanation, Reduction and Empiricism". In *Scientific Explanation, Space, and Time* (*Minnesota Studies in the Philosophy of Science*, Vol. 3; ed. by Herbert Feigl and Grover Maxwell). Minneapolis: University of Minnesota Press, 1962.

Feyerabend, Paul K. *Against Method: Outline of an Anarchistic Theory of Knowledge*. London: Verso, 1975.

Galileo, Galilei. *Dialogues Concerning Two New Sciences* (translated by H. Crew and A. de Salvio). New York: Dover Publication, Inc., 1914.

Galileo, Galilei. *Dialogue Concerning the Two Chief World Systems* (translated by Stillman Drake). Berkeley and Los Angeles: University of California Press, 1967.

Galileo, Galilei. *On Motion and on Mechanics* (translated by I. E. Drabkin and Stillman Drake). Madison: The University of Wisconsin Press, 1960.

Geymonat, Ludovico. *Galileo Galilei: A Biography and Inquiry into His Philosophy of Science*. New York: McGraw-Hill, 1965.

Harré, Rom. *The Philosophies of Science: An Introductory Survey*. Oxford: Oxford University Press, 1972.

Hempel, Carl G. *Philosophy of Natural Science*. New Jersey: Prentice-Hall, 1966.

Koyré, Alexandre. "Galileo and Plato". *Journal of the History of Ideas*, 4 (1943), pp. 400–428.

Koyré, Alexandre. "Galileo and Scientific Revolution of the Seventeenth Century". *The Philosophical Review*, 52 (1943), pp. 333–348.

Koyré, Alexandre. *Galileo Studies* (translated by J. Mephan). New Jersey: Humanities Press, 1978.

Kuhn, Thomas S. *The Copernican Revolution: Planetary Astronomy in the Development of Western Thought*. New York: Vintage Books, 1957.

Kuhn, Thomas S. *The Structure of Scientific Revolutions* (2nd edition, enlarged). Chicago: The University of Chicago Press, 1970. 中譯本：傅大為、程樹德、王道還合譯，《科學革命的結構》，臺北：允晨文化實業股份有限公司，1985。

Mach, Ernst. *The Science of Mechanics: A Critical and Historical Account of Its Development* (translated by Thomas J. McCormack; 6th edition). La Salle: Open Court, 1960.

Madden, Edward H. (ed.) *Theories of Scientific Method: The Renaissance through the Nineteenth Century*. Seattle: University of Washington Press, 1960.

Newton, Isaac. *The Mathematical Principles of Natural Philosophy and His System of the World* (translated by Andrew Motte, revised and supplied with an historical and explanatory appendix by Florian Cajori). Berkeley and Los Angeles: University of California Press, 1934.

Roller, Duane. "The Early Development of the Concepts of Temperature and Heat: The Rise and Decline of the Caloric Theory". In *Harvard Case Histories in Experimental Science* (ed. by James B. Conant and Leonard K. Nash). Cambridge: Harvard University Press, 1948.

Rosen, Edward. *Three Copernican Treatises*. New York: Dover, 1939.

Shapere, Dudley. *Galileo: A Philosophical Study*. Chicago: The University of Chicago Press, 1974.

Wallace, William A. *Causality and Scientific Explanation*. Ann Arbor: The University of Michigan Press, 1972.

Wallace, William A. *Prelude to Galileo: Essays on Medieval and Sixteenth-Century Sources of Galileo's Thought*. Dordrecht: D. Reidel Publishing Company, 1981.

Wallace, William A. *Galileo's Early Notebooks: The Physical Questions*. Notre Dame: University of Nortre Dame Press, 1977.

貳、科學說明涵蓋律模式之檢討

一、前　言

科學說明 (Scientific explanation) 的模式及其必備條件一向是實證派 (positivist) 的科學哲學家所關心的主題。自從 1948 年韓佩爾 (Carl Gustav Hempel) 和歐本漢 (Paul Oppenheim) 合著〈說明邏輯之研究〉(Studies in the Logic of Explanation)❶，提出所謂「科學說明的涵蓋律模式」(covering law model of scientific explanation)❷以來，此一學說曾引起熱烈的討論與辯難。有人反對此種說明模式，有人加以辯護，也有人提出修正意見❸。反對此種模式的人大多依據科學史實或科學實況，指出實際上沒有任何科學說明完全符合涵蓋律模式及其必備條件，有些科學說明甚

---

❶ 此文刊登於 *Philosophy of Science*, Vol. 15 (1948), pp. 135–175. 現收入 Carl G. Hempel, *Aspects of Scientific Explanation and Other Essays in the Philosophy of Science*, pp. 245–290.

❷ 此一名稱為威廉・瑞 (William Dray) 首先使用。見 William Dray, *Laws and Explanation in History*, p. 1.

❸ 反對者有 William Dray, Paul K. Feyerabend, Peter Achinstein, Sylvain Bromberger 等人；贊成者除了韓佩爾之外，尚有 Rudolf Carnap, Ernest Nagel, Israel Scheffler 等人；提出修正意見者有 David Kaplan, Stephen Toulmin, Wesley C. Salmon 等人。

至與該模式差距極大。本文的主要目的是要指出：涵蓋律模式的致命傷不在於實際上與科學史實或科學實況不符，而在於理論上的重大困難。

二、涵蓋律模式[4]

科學的主要目的之一是要建構理論來說明已知的事實，並推測未知的事實。所謂「科學說明」乃是敘述某一事件或現象（以後簡稱「事象」）之所以發生的原因。例如：我們都知道有日蝕、海嘯、通貨膨脹等事象，但未必知道它們何以會發生，於是就必須有人告訴我們為什麼會發生這些事象。這就是科學說明。簡言之，科學說明乃是對「為什麼會發生某一事象?」所做的回答。這裏所謂「事象」包括個別事象及一般事象兩種。所謂「個別事象」是指發生於某一特定時空的特定事象。例如：1968 年 7 月 20 日在美國阿拉斯加所看到的日蝕，以及 1986 年 11 月 15 日清晨 5 點 20 分發生在臺灣地區的地震，都是個別事象。所謂「一般事象」是泛指任意時空所發生的某一類事象。例如：泛指一般日蝕或地震，而不特指某一次日蝕或地震，即為一般事象。本節所要討論的是：依照實證派的看法，在科學上如何才算正確的回答「為什

---

[4] 本節部分文字取自拙著〈過時的科學觀：邏輯經驗論的科學哲學〉；〈瑞姆濟的理論性概念消除法〉；以及〈科學說明〉。有關涵蓋律模式的細節，請看下列各書的相關章節：Carl G. Hempel, *Aspects of Scientific Explanation*; Ernest Nagel, *The Structure of Science*; Israel Scheffler, *The Anatomy of Inquiry*; Rudolf Carnap, *An Introduction to the Philosophy of Science*.

麼會發生某一事象」?換言之,切當的科學說明必須具備何種模式?滿足那些條件?

根據他們的分類，科學說明有兩種模式：演繹說明與歸納說明。現分述如下：

(一)演繹說明

我們將考察這類科學說明的實例，然後根據這個例子，分析它的模式，以及它必須滿足的條件。

假定有一個小孩把玩具丟入水池中，意外發現玩具竟然浮出水面。他想：這麼重的東西應該沉入水中才對，怎麼會浮起呢?為了解答他的疑問,我們可做如下的說明。物體在液體中的浮沉,不能僅憑它的重量來斷定，而應該比較它與同體積液體的重量。若它的重量大於同體積液體的重量，則會沉入水中；反之，若重量小於同體積液體之重量，則會浮出液面；若兩者重量相等，則物體可停留於液體中的任何地方，不沉不浮。小孩丟入水中的玩具，因體積大，故重量不輕；但比起同體積水的重量，仍較輕，故會浮出水面。

小孩若不滿意上面的說明，而要求更詳細的說明，則須用到阿基米德浮力原理：物體在液體中所受之浮力等於該物體在液體中所排開之液體之重量。

細心考察上面的例子就會發現：當我們對某一事象做科學說明時，必須利用普遍定律 (general laws)。在上面的例子中，我們至少利用到下面的普遍定律：

> 任何物體放入任何液體之中，若物體之重量小於同體積液體之重量，則物體會浮出液面。

這個定律因為泛指一切物體及液體，而沒有指定某一特定物，也沒有指定某一特定水池中的水，故稱為「普遍定律」。

但單靠普遍定律並不能說明事象。在上面的例子中，只用所列出的普遍定律，並不能說明玩具何以會浮出。要說明這個事象，必須具備若干條件。這些條件是：

(A)玩具丟入池中；

(B)池中的液體是水；

(C)玩具的重量較同體積水的重量為輕（亦即玩具對水的比重小於 1）。

這些條件若不具備，則儘管上述普遍定律成立，也不會發生玩具浮出的事象。例如：假如條件(A)不具備，則玩具可能還在那孩子手裏，不會浮在池面上。假如條件(B)不具備（譬如說：池中沒有任何液體；或池中的液體不是水，而是較該玩具比重為小的液體），則玩具也不會浮出液面。又假如條件(C)不具備，則玩具將沉入水中，不會浮出。上面所說的這些條件，都必須在事象發生之前即已具備，至遲也必須在事象發生之時同時具備；否則該事象即不一定會發生。因此，這些條件叫做「先行條件」（antecedent conditions 或 initial conditions）。

從上面的例子，又可看出：我們要說明的事象可由所列出的普遍定律及先行條件推論出來。列出普遍定律及先行條件來說明某一事象之所以發生的原由，意即：以這些普遍定律及先行條件為前提，導出「該事象會發生」的結論。為了敘述方便起見，我們以 L_1、L_2、…、L_n 表示普遍定律，以 C_1、C_2、…、C_m 表示先行條件，以 E 表示描述某一事象的語句。如果以 L_1、L_2、…、L_n

及 C_1、C_2、⋯、C_m 為前提，可以推出結論 E，則我們只要將這些前提及推論過程列出，就算回答了「該事象何以會發生」的問題。換言之，在科學上，問「某一事象為什麼會發生」的意思是要我們回答：根據那些普遍定律及先行條件，經過如何的推論程序，可以得到「該事象會發生」的結論。因此，當我們要對某一事象之所以發生做科學說明時，須要列出下列三項：

(1)普遍定律 L_1、L_2、⋯、L_n；
(2)先行條件 C_1、C_2、⋯、C_m；
(3)以 L_1、L_2、⋯、L_n、C_1、C_2、⋯、C_m 為前提，以 E 為結論的推論過程。

從以上的分析可知，一個切當的科學說明必須具備下列四個條件。這些條件叫做「科學說明的切當條件」。

〔條件一〕：以普遍定律及先行條件為前提，必須能推出結論 E。由前提到結論的推論必須是正確的。如果推論是錯誤的，換言之，由前提推不出結論，則這些普遍定律與先行條件不足以說明 E 所描述的事象何以會發生。舉例言之，假定為了說明 1980 年 11 月下旬在義大利發生的地震，有人竟然列出一些經濟學定律以及 1979 年以來國際上發生的一連串政治事件（例如：蘇聯入侵阿富汗、伊朗扣留美國大使館人員、伊朗與伊拉克交戰等）來說明，則顯然是不切當的。它之所以不切當，不是因為所列出的經濟學定律錯誤，也不是因為所列舉的那些國際政治事件不真實，而是因為它們與義大利發生的地震不相干。以它們為前提，推不出義大利會發生地震的結論。再以上面所舉的玩具浮出池面的說明為例，假若只列出先行條件(A)和(B)，而未列出(C)，則雖然該說明的前提（即普遍定律及先行條件）均無問題，而且也與結論相干，但仍為不切當的說明。因為由前提不足以推出結論。

〔**條件二**〕：必須列出普遍定律。科學說明的目的是要指明某一事象之發生是符合自然律的；根據這些自然律，在某些特定情況下，本來就應該發生這種事象；我們若知道這些特定情況存在，本來就應該預期這種事象會發生。簡言之，該事象乃是普遍定律的個例而已。因此，普遍定律是科學說明不可欠缺的項目。

〔**條件三**〕：所列出的普遍定律必須得到高度驗證。若普遍定律未得到驗證，則其本身是否成立尚有疑問，如何可用來做切當的說明？舉例言之，有些科學史家或科學哲學家認為在伽利略 (Galileo Galilei, 1564–1642) 極力宣揚哥白尼 (Nicolaus Copernicus, 1473–1543) 的天文學說時，並沒有足夠的證據支持哥白尼的學說❺。因此，他使用哥白尼天文學的定律來說明天象，在當時看來並非切當的科學說明。又例如：有些科學史家也認為達爾文 (Charles Darwin, 1809–1882) 出版《物種原始》(*The Origin of Species by Means of Natural Selection or the Preservation of Favoured Races in the Struggle for Life*) 的時候，也缺乏有力的證據足以支持其演化理論❻。因此，他以演化論為前提所做的說明，在當時看來是不切當的。至於已經遭到否證而被放棄的理論或定律，更不能用來做為科學說明的前提。舉例言之，假如現在還有人使用托勒密 (Ptolemy) 的天文理論來說明任何天象，則顯然是不切當的。再以上述小孩的玩具為例，假如我們為玩具浮出水面做如下的說明：

❺ 請看 Paul K. Feyerabend, *Against Method*.

❻ 請看 Barry G. Gale, *Evolution without Evidence*.

普遍定律：凡重量在一百公斤以下的物體都會浮出水面。

先行條件：這個玩具的重量是十五公斤。

結論：這個玩具會浮出水面。

這個說明中的普遍定律是假的，故為不切當的說明。儘管推論是正確的，先行條件是真的，我們不能說玩具浮出水面的原因是它只有十五公斤。

〔**條件四**〕：先行條件必須為真。例如：假定我們用阿基米德原理及玩具的比重小於水的比重來說明玩具為何浮出水面，而事實上該玩具的比重大於水的比重，它之所以未沉入水底是因為有一根細線把它懸住的緣故。這個說明因先行條件為假，故不切當。

總之，一個切當的科學說明必須符合下面的模式：

推論 — 前提 { 普遍定律 L_1、L_2、…、L_n
先行條件 C_1、C_2、…、C_m }
→ 結論：待說明事象之描述 E

並且滿足上述四個切當條件。

上面所舉的例子都是對個別事象所做的說明。其實，科學也往往對一般事象加以說明。其說明模式及切當條件與個別事象的說明大致相同。以自由落體運動為例，我們可以從牛頓的力學定律及地球的質量和半徑，推出伽利略的自由落體定律。其中牛頓定律是普遍定律，敘述地球質量和半徑的語句為先行條件，而所推出的自由落體定律就是敘述一般自由落體事象的語句。許多一般事象可以用科學定律或公式來敘述，而科學定律或公式可以看做對一般事象所做的敘述。因此，科學定律也可以用更普遍的科學定律來加以說明。

以上所述的模式及切當條件是一切科學說明所必須具備的，並不限於演繹說明。所謂「演繹說明」(deductive explanation) 除了上述切當條件之外，還有兩項特徵：第一，普遍定律皆為全稱語句；第二，由前提到結論的推論是演繹推論。所謂「全稱語句」(universal sentences) 是具有下列形式的語句：

所有……都是……。

任意 x，若…… x ……，則…… x ……。

這種形式的語句是敘述某一類東西或合於某一條件的東西都如何，毫無例外。一個定律若為全稱語句，則稱為「全稱定律」(universal law)。例如：波義耳定律及阿基米德原理都是全稱定律。因為前者是說：「任意固定質量的氣體，若溫度不變，則氣體的壓力與體積成反比」；而後者是說：「所有在液體中的物體，其所受浮力都等於其所排開液體之重量」。很明顯的，我們上面所舉的玩具浮出水面的例子是演繹說明。

㈡歸納說明

所謂「歸納說明」(inductive explanation)，除了必須具備上述四個切當條件之外，還有兩項特徵：第一，普遍定律中有統計語句，不都是全稱語句；第二，由前提到結論的推論是歸納推論。舉例言之，假定某甲因感染鏈球菌而患重病，經醫師藥物治療而痊癒。他對自己痊癒之迅速非常驚異，乃請教醫師其中原由。醫師向他做如下的說明：

<table>
<tr><td rowspan="4">前提</td><td>普遍定律：</td><td>用盤尼西林治療鏈球菌感染，有百分之九十八會迅速痊癒。</td></tr>
<tr><td rowspan="2">先行條件：</td><td>甲感染鏈球菌。</td></tr>
<tr><td>甲接受了盤尼西林治療。</td></tr>
<tr><td></td><td></td></tr>
<tr><td>結論</td><td>待說明事象：</td><td>甲接受治療後迅速痊癒。</td></tr>
</table>

這個說明中所用到的普遍定律不是全稱語句，它不是說所有接受盤尼西林治療的鏈球菌感染病患都會迅速痊癒，它只說有百分之九十八的這類病患會迅速痊癒。這樣的語句叫做「統計語句」(statistical sentences)。這個說明中的結論不是前提的必然結論；換言之，有可能前提全真而結論假。因為甲有可能屬於百分之二無法用盤尼西林迅速治癒的少數病患。可見，前提只給予結論極強力的支持，但非絕對的保證；由前提到結論的推論不是演繹推論，而是歸納推論。

以上我們簡略的敘述了實證派的科學哲學家所提出的科學說明的模式。這種模式的要點是：科學說明必須用普遍定律來涵蓋待說明的事象，或使用更普遍的定律來涵蓋待說明的定律。因此，有人把這種模式稱為「涵蓋律模式」。

在此必須附帶一提的是：許多實證派的科學哲學家都強調科學說明與科學推測具有相同的邏輯結構。科學推測包括科學預測(scientific predictions) 和科學溯測 (scientific postdictions)。前者是推測未發生的事象，例如：天文學家算出未來某年某月某日會發生月蝕；後者是推測已發生而我們尚未知悉的事象，例如：天文學家算出過去某年某月某日曾發生月蝕。按照這些科學哲學家的說法，科學推測與科學說明的基本模式並無根本差異。科學推測是在事象尚未發生之前，或在我們尚未知悉其是否發生之前，即根據普遍定律及先行條件，推斷其必定發生。反之，科學說明是在知悉事象已經發生之後，再去尋求普遍定律及先行條件，並由這些定律及條件推論出該事象會發生的結論。此外，科學說明的目的是要說明事象之所以發生的原由，故不可用該事象發生之後才具備的條件做為推論的前提。因為事後才具備的條件不會是過去事象之原因。相反的，科學推測則不受此限制，除先行條件之外，還可把事象之後的條件做為推斷的前提。例如：法醫可根據屍體的狀況來推測死亡的時間。科學說明與科學推測雖有上述差異，但它們都必須從高度驗證的普遍定律及已知條件推論出待說明或待推測的事象。一個切當的科學說明必定具有推測的效能。

三、反對涵蓋律模式的各種主張

自從韓佩爾提出涵蓋律模式及其必備條件以來，即不斷有人提出各種反對意見。對這些反對意見，韓佩爾的答覆幾乎是千篇一律。他一再強調他所提出的說明模式乃是理想模式，也就是理想中最完美的模式。在實際上也許沒有科學說明完全符合這個理想模式；但那是因為說明不夠完備的緣故。科學家在做說明的時候，往往把一些顯而易見的普遍定律或先行條件略而不提。即使在最詳細的初級教本中，也不會把科學說明中的各項細節毫不遺漏的一一列出。另一種不完備的說明不是由於省略淺顯的細節，而是由於尚未能掌握細節，因而只能提出初步綱要，做為進一步探討的基礎。不管是那一種不完備說明的存在，都不足以證明涵蓋律模式與實況不符。涵蓋律模式是用來判定科學說明的依據標準。一個不完備的科學說明，若不可能補充或發展成完備的涵蓋律模式，則非切當的科學說明❼。

韓佩爾的上述辯解，在某種程度之內，可以回答一些反對意見，尤其那些批評涵蓋律模式不符合科學史實或科學實況的反對意見。舉例言之，威廉·瑞 (William Dray) 曾提出三種不須用到普遍定律的說明模式。第一種是把與待說明事象有關聯的事象，按其發生之先後順序，從最早的事象一直到待說明事象，依次逐一加以敘述。這樣我們能明瞭為什麼會發生待說明事象❽。第二種是使用普遍概念，把一些孤立的、看起來不相干的事象統合起來，使我們對這些事象有所瞭解，看出它們相互間的關聯，甚至還可以幫助我們對未知的事象做粗略的推測❾。第三種是要說明某事象如何可能發生，而不是要說明它為什麼會發生。某些事象之發生會令我們驚奇，因為依據我們已有的知識以及相關的情報來判斷，該事象是極不可能發生的。然而，它竟然發生了。我們會問:「這如何可能?」或「怎麼可能發生這種事?」要回答這樣的問題，我們不必說明該事象為什麼會發生，我們只須說明該事象有可能發生即可。詳言之，只須指出我們當初之所以會驚奇，會認為不可能，乃是由於我們當時的知識或情報不正確或不充足；矯正或補充了知識或情報之後，該事象之發生就不再令我們驚奇，但仍不足以推出該事象會發生的結論❿。威廉·瑞認為這三種說明都

---

❼ 有關理想模式及不完備的說明，請看 Hempel, *Aspects of Scientific Explanation*, pp. 412–425.

❽ 請看 William Dray, *Laws and Explanation in History*, pp. 66–72.

❾ 請看 William Dray, "'Explaining What' in History", pp. 403–408.

❿ 請看 William Dray, *Laws and Explanation in History*, pp. 156–169.

不須用到普遍定律，因而不符合涵蓋律模式，然而卻是令人滿意的說明。主張涵蓋律模式的人不同意威廉 · 瑞的看法。韓佩爾及納格爾曾詳細分析上述三種說明模式，認為它們仍須以普遍定律做為說明的基礎，它們雖然沒有明白列出普遍定律，但仍然預設普遍定律的存在，否則不可能有任何說明功能⓫。可見，它們並未違反涵蓋律模式。

另外有些反對涵蓋律模式的人並不強調其不符合科學史實或科學實況，而是批評此模式並未真正掌握科學說明的要素。韓姆佛瑞斯 (Willard C. Humphreys) 認為科學說明是對異例 (anomalies) 提出說明。所謂「異例」是與我們已有的知識、信念以及已知的事實不符的事象。只有這樣的異例才需要說明。然而，涵蓋律模式並未要求待說明事象必須是異例。在韓姆佛瑞斯看來，這是很嚴重的疏忽⓬。沙蒙 (Wesley C. Salmon) 認為科學說明最重要的功能是要顯示先行條件與待說明事象之間的相關性，至於能否顯示待說明事象是可預期的，反而是次要的問題。涵蓋律模式不足以顯示此種相關性⓭。此外，佛利德曼 (Michael Friedman)

⓫ 請看 Hempel, *Aspects of Scientific Explanation*, pp. 428–430；及 Nagel, *The Structure of Science*, pp. 564–575.

⓬ 請看 Willard C. Humphreys, *Anomalies and Scientific Theories*, Chs. 1–3.

⓭ 沙蒙所舉的例子如下：

感冒病患在服用丙種維生素之後，幾乎都會在一星期之內痊癒。
甲患了感冒，且已服用丙種維生素。
∴甲會在一星期內痊癒。

這個例子完全符合涵蓋律模式。但沙蒙認為它並不切當。因為感冒病患通常都會在一星期內痊癒，服用丙種維生素與感冒痊癒不相干，

和基契爾 (Philip Kitcher) 則認為涵蓋律模式遺漏了科學說明最重要的統合功能。按照他們的看法，世界上互相獨立而不相干的事象越多，就越不易掌握，因而也越難瞭解。科學說明的目的是要利用普遍定律，使得原先看起來似乎不相干的事象發生關聯，因而使得互相獨立且無法再加以說明的事象儘量減少⓮。佛利德曼主張科學說明的統合功能在於使用少數的定律來說明多數的定律⓯。基契爾則強調少數定律在科學說明的前提中以極高的頻率重覆出現⓰。涵蓋律模式並未要求科學說明具備這種統合功能。

對於上述的反對意見，韓佩爾很難再用理想模式的說詞來辯解。因為科學說明的理想模式理應充分掌握科學說明的要素，沒有理由將其完全忽略或遺漏。其實，韓佩爾也知道涵蓋律模式的缺失，並承認自己未能提出解決的方法⓱。換言之，他承認符合涵蓋律模式未必即為切當的科學說明。然而，他卻堅持理想的科學說明必須符合該模式。上段所提到的反對意見也只主張符合該

不應用來說明感冒何以會痊癒。此例見於 Salmon, "Statistical Explanation", p. 33. 此外，沙蒙有關科學說明的論著尚有："Theoretical Explanation" 及 *Scientific Explanation and the Causal Structure of the World*.

⓮ 這兩人學說的簡略介紹，請看拙著〈克雷格定理及其在科學哲學上的應用〉，第八節第 III 小節，pp. 152–161。

⓯ 請看 Friedman, "Explanation and Scientific Understanding" 及 "Theoretical Explanation".

⓰ 請看 Kitcher, "Explanation, Conjunction, and Unification" 及 "Explanatory Unification".

⓱ 請看 Hempel, "Studies in the Logic of Explanation", p. 273, footnote 33.

模式並非切當說明的充分條件，並未否認其為必要條件。

在下一節中，我們將指出：要求理想的科學說明必須符合涵蓋律模式，乃是一項不合理的要求，會遭到難以克服的困境。

四、涵蓋律模式的困境

在本節中，我們將討論科學說明要符合涵蓋律模式並滿足其必備條件，會遭遇到什麼樣的困境。我們以本文第二節玩具浮出水面的說明為例，加以討論。為了討論方便起見，將此說明的普遍定律、先行條件及結論全部重覆列出：

前提
- L_1：任何物體放入任何液體之中，若物體之重量大於同體積液體之重量，則物體會沉入液體之中；反之，若物體之重量小於同體積液體之重量，則物體會浮出液面；若兩者重量相等，則物體可停留於液體中的任何地方，不沉不浮。
- C_1：此玩具被丟入池中。
- C_2：池中的液體是水。
- C_3：此玩具的重量較同體積水的重量為輕。

結論　E：此玩具浮出水面。

這個說明並未滿足涵蓋律模式的必備條件。本文第二節曾列出科學說明的四個切當條件。其中第三個條件要求普遍定律必須得到高度驗證。上面說明中的普遍定律 L_1 並未滿足此項要求。它不僅未得到高度驗證，而且明顯為假。我們很容易可以找到 L_1 的反例。

假定有一塊鐵片放入水中,而靠近水面的上方懸掛一塊強力磁鐵。水中的鐵片雖比同體積的水重，但因磁鐵的吸引，不但不下沉，反而浮出水面。又如：一根細針，雖比其同體積的水重，但把它輕放在一碗水的水面上，可能因水的表面張力而不下沉。再例如：同一個碗，體積和重量並無改變，但碗口朝上可以浮在水面，碗口朝下卻會沉入水中，而碗底破裂也會沉入水中。我們還可輕易想出無數種不合 L_1 的反例。因此，若要使 L_1 滿足第三個切當條件，必須把可能造成反例的無數種情況一一加以排除。然而，這類可能情況很難事先設想周到，隨時都有可能發生原先未預料到的情況。我們必須用概括性的描述才可能把這類情況完全加以排除。讓我們用「理想狀況」(ideal circumstance) 來概括描述沒有這類反例的狀況。然後在普遍定律 L_1 之前加上「在理想狀況下」六個字。經過這樣增訂過的普遍定律，就不會像原先的 L_1 那樣容易被上述的反例所推翻。讓我們用 "L_1'" 來表示增訂過的定律。現在，上面那個玩具浮出水面的說明可改寫如下：

$$\text{前提}\begin{cases} L_1' \\ C_1 \\ C_2 \\ C_3 \end{cases}$$

結論　E

經過這樣改寫之後，雖然滿足了科學說明的第三個切當條件，但卻未滿足第一個切當條件。原來由 L_1、C_1、C_2、C_3 可推出 E。現在把 L_1 改成 L_1' 之後，由 L_1'、C_1、C_2、C_3 卻無法推出 E。要使其能夠推出，必須增加一個前提，告訴我們沒有那些可以輕易推

翻 L_1 的情況，換言之，告訴我們有理想狀況存在。設以"C_0"表示這個增加的前提，則上述說明可改寫如下：

$$
\text{前提}\begin{cases} L_1' \\ C_0 \\ C_1 \\ C_2 \\ C_3 \end{cases}
$$

結論　E

經過如此改寫之後，雖然可由 L_1'、C_0、C_1、C_2、C_3 推出 E，因而滿足了第一個切當條件，但卻難以滿足第四個切當條件。現詳述如下：

第一，C_0 是概括性的描述，其內容難以確定。因為 C_0 的內容只是肯定 L_1' 中所謂的理想狀況確實存在。若「理想狀況」一詞具有明確的內容，則無法排除預先料不到的明顯反例，因而 L_1' 與 L_1 同樣容易遭受反例推翻。可見，C_0 不能有明確的內容。反之，「理想狀況」一詞也不能排除一切可能推翻 L_1 的情況。因為我們若把一切不合 L_1 的情況都認定為非理想情況，把 L_1 可能有的反例都歸罪於情況不理想（例如：有磁力干擾、有表面張力干擾、或其他未知的因素干擾），則只要在理想情況下，L_1 絕無反例，因而 L_1' 豈不成為無法否認的恆真句？按照實證派的觀點，這樣的恆真句是沒有經驗內容的，因而不能當做科學定律。C_0 的內容既難以確定，則如何能夠判斷其真假？例如：我們若不知道 C_0 是否含有「池水沒有表面張力」的內容，則我們如何能判斷 C_0 的真假？既然無法判斷其真假，則也就不能斷定第四個切當條件是否滿足。

第二，要判斷某一情況是否足以產生 L_1 的反例，往往必須借助其他普遍定律。例如：假定玩具是用鋁做的，則在水面上懸掛一塊磁鐵到底會不會影響玩具下沉，必須依靠其他科學定律來判斷，只有 L_1 是不夠的。若磁鐵會吸引鋁，而產生 L_1 的反例，則 C_0 就含有排除此情況的內容，換言之，C_0 含有「附近沒有磁鐵」的內容。反之，若磁鐵不會吸引鋁，則 C_0 不必含此項內容。C_0 的內容既然須借助其他普遍定律來確定，則其真假也必須靠其他普遍定律來判斷。在此有兩項困難：(i) C_0 所要排除的可能情況是無限的。當我們考慮每一情況有沒有必要加以排除時，都可能用到其他普遍定律。因此，我們可能要用到無限多個普遍定律。(ii)當我們使用這些普遍定律時，也有可能遇到類似 L_1 所遇到的困難。

從上面這些難題看來，第四個切當條件是很難得到滿足了。這個條件要求切當的科學說明必須先行條件全部為真。而上述難題卻使我們無法肯定先行條件 C_0 為真。

綜上所述，玩具浮出水面的說明，不管如何改寫都會遭遇困難。寫成由 L_1、C_1、C_2、C_3 推出 E，不能滿足第三個切當條件；寫成由 L_1'、C_1、C_2、C_3 推出 E，則不滿足第一個切當條件；最後，寫成由 L_1'、C_0、C_1、C_2、C_3 推出 E，又不滿足第四個切當條件。我們總是顧此失彼，似乎無法脫離困境。

有人也許會認為使用較抽象的概念，可以擺脫上述困境。以上面所舉的例子來說，我們若使用比較抽象的浮力 (buoyant force) 概念，則 L_1 可改寫如下：

L_1''：物體在液體中所受之浮力等於該物體在液體中所

排開之液體的重量。

這個比較抽象的定律，無須設定任何限制條件，就可以避免 L_1 所遇到的反例。以磁鐵吸引鐵片使其浮在水面的例子來說，它並未違反 L_1''。因為 L_1'' 不像 L_1 那樣斷言：比重大於水的鐵塊一定會沉入水中。依據 L_1''，鐵塊在水中所受的浮力等於其所排開之水的重量。此浮力加上磁鐵的吸引力若大於或等於鐵塊的重量，則鐵塊未必會下沉。再以碗口朝上、朝下以及碗底破裂為例，這些現象也未違反 L_1''。因為碗口朝上時，碗在水中所排開的水量較多，故所受浮力較大；而碗口朝下或碗底破裂時，因水進入碗內使其所排開的水量減少，故所受浮力減少。

現在，玩具浮出水面的說明可改寫如下：

前提
- L_1''：物體在液體中所受之浮力等於該物體在液體中所排開之液體的重量。
- C_1：此玩具被丟入池中。
- C_2：池中的液體是水。
- C_3：此玩具的重量較同體積水的重量為輕。

結論　E：此玩具浮出水面。

由於 L_1'' 避免了 L_1 所遇到的反例，因此，這樣改寫過的說明滿足了第三個切當條件。又因為先行條件中沒有 C_0，故又滿足了第四個切當條件。然而，第一個切當條件的滿足卻有問題。在直覺上，我們以為由 L_1''、C_1、C_2、C_3 推出 E 似乎不成問題。但那是因為我們依據我們對「浮力」這個概念的瞭解，把浮力與物體浮沉所應有的關聯加入前提之中。若不添加前提來連繫浮力與物體浮沉之間的關係，我們無法由 L_1''、C_1、C_2、C_3 推出 E。理由非常明顯：L_1'' 中提到物體所受之浮力，而未提到物體的浮沉；反之，C_1、C_2、C_3、E 之中則提到玩具在水中的浮沉，而未提到玩具所受之浮力。若要借重 L_1'' 幫助我們由 C_1、C_2、C_3 推出 E, 換言之，要借用浮力概念來說明物體的浮沉，我們當然必須知道兩者之間的關係。

可見，為了要滿足第一個切當條件，我們必須添加新前提來連繫比較抽象的浮力概念與物體浮沉的具體事實之間的關係。這樣的前提其實就是一般所謂的「對應規則」(correspondence rules)。這種對應規則也和 L_1 一樣，很容易找到反例來加以推翻。舉例言之，下面的對應規則可用來連繫浮力與物體浮沉之間的關係。

> L_2：液體中的物體，若所受浮力大於物重，則物體會浮出液面；若小於物重，則沉入液中；若相等，則物體可停留於液中任何地方，不沉不浮。

若把此對應規則加入前提之中，則上面的說明又變成：

$$\text{前提}\begin{cases} L_1'' \\ L_2 \\ C_1 \\ C_2 \\ C_3 \end{cases}$$
$$\text{結論}\quad E$$

這個說明滿足了第一個切當條件，但又無法滿足第三個切當條件。因為 L_2 和原先的 L_1 一樣容易遭受反例推翻。例如：鐵塊在水中所排開的水的體積，最多等於該鐵塊之體積。故依據 L_1''，鐵塊所受之浮力最多也只能等於同體積水之重量。而鐵塊比其同體積之水為重，故鐵塊之重量大於其所受之浮力。按照 L_2，鐵塊理應沉入水中。但若在水面懸一磁鐵，就可吸住鐵塊，使其不下沉。又如：細針之重量也大於其在水中所受之浮力。按照 L_2，理應下沉。但卻可能因水的表面張力而浮在水面。可見，L_2 極易遭受反例推翻，不會得到高度驗證。這類可能造成 L_2 之反例的情況是無窮的，而且很難事先設想周到，無法一一列舉加以排除。若用概括性的方法加以排除，則又會產生類似 L_1' 所遭遇到的困難。我們再一次陷入顧此失彼的困境之中。抽象概念的使用似乎無法幫助我們逃脫困境。

有人也許會認為 L_2 之所以容易遭受反例推翻，乃是它把浮力與物重的大小當做決定物體浮沉的僅有因素，而未考慮其他因素。我們若要把其他因素列入考慮，則不應斬釘截鐵的斷言：浮力大於物重，則物體上浮；浮力小於物重，則物體下沉；兩者相等，則不浮不沉。我們只應斷言浮力與物重是決定物體浮沉的眾多因素中的兩個因素。它們必須與其他因素合併計算，才能斷定物體的浮沉。依此，我們似可用下列定律來取代 L_2：

L_2'：物體在液體中所受之浮力是使物體往上移動之力。

L_3：物體之重量是使物體往下移動之力。

L_4：使物體往上移動之力的總合若大於使物體往下移動之力的總和，則物體會向上方移動；若後者大於前者，則物體會向下方移動；若兩者相等，則物體既不向上移動也不向下移動。

如此改寫之後，就不致排除其他因素的考慮。L_4 中的所謂「使物體往上移動之力」，不僅指 L_2' 中所說的浮力，還包括一切可能的力量在內，例如：鐵塊受上方磁鐵的引力、細針受水面的表面張力等。同樣的，L_4 中所謂「使物體往下移動之力」，不僅指 L_3 中所說的物重，還包括其他可能的力量在內。如果除了浮力及物重之外，沒有其他使物體上移或下移之力，則 L_2 可以成立。可見 L_2 只是 L_4 在某特殊情況下的個例而已。詳言之，以 C_0' 表「除了浮力及物重之外，其他可能使物體上移或下移之力均不存在或互相抵消」，則由 L_2'、L_3、L_4、C_0' 可推出 L_2。現在，我們可以把玩具浮出水面的說明再改寫如下：

$$\text{前提}\begin{cases} L_1'' \\ L_2' \\ L_3 \\ L_4 \\ C_0' \\ C_1 \\ C_2 \\ C_3 \end{cases}$$

$$\text{結論} \quad E$$

由於 L_4 中泛指一切可能使物體上移或下移之力，而不僅指浮力及物重，但 L_1''、L_2'、L_3、C_1、C_2、C_3 等其他前提均僅涉及浮力和物重，只能算出浮力和物重的大小，故必須有 C_0' 才能推斷玩具會浮出水面。簡言之，沒有前提 C_0' 即推不出結論 E。換言之，若沒有 C_0'，則該說明就不能滿足第一個切當條件。然而，有了 C_0'

之後，又難以滿足第四個切當條件。因為可能影響物體上移或下移之力量有無限多種，我們無法逐一加以考察，而斷定除了浮力及物重之外別無其他力量，或其他力量已互相抵消。很明顯的，C_0' 和 C_0 遭遇了相同的困難。我們仍然逃不出困境。

五、涵蓋律模式之修正方案

涵蓋律模式的致命傷不在於不符科學史實或科學實況。這個缺陷可用理想模式的說詞來辯解。它的另外一項缺點是未能掌握科學說明的要素。這也不是無法矯正的。我們可以增加其切當條件，使其具備應有的要素，而仍然維持其基本模式。我們認為涵蓋律模式的致命傷是第四節所指出的困境。這種困境很難用理想模式的說詞來辯解，也不可能增加切當條件來解決。要脫離困境，必須放棄某一個切當條件。但不管放棄那一個切當條件，涵蓋律模式的基本精神將因而喪失。涵蓋律的基本精神可分兩點敘述如下。

第一、涵蓋律模式的第三個切當條件要求所列出的普遍定律必須得到高度驗證，第四個切當條件要求先行條件必須為真；可見，必須要有高度的可靠性，才可做為說明的前提。此外，第一個切當條件要求待說明的事象必須由前提正確推出；可見，待說明的事象（以及預測的事象）必須得到前提的高度保證。總之，涵蓋律模式所強調的是穩紮穩打的審慎態度，不接受任何未得高度保證的前提或結論。

第二、普遍定律往往會使用到相當抽象的概念，而待說明的事象往往較為具體。第一個條件要求待說明事象必須由普遍定律及先行條件推出，可見該模式要求抽象概念必須要有明確的經驗內容，必須與具體事象之間具有邏輯關聯。換言之，模糊玄虛的抽象概念必須加以排斥。

涵蓋律模式難以克服的困難既然在於無法同時滿足第一、第三、第四等三個切當條件，則取代它的模式或修正後的模式必須在這三個切當條件中至少放棄一個。若放棄第三或第四條件，則上述第一點基本精神無法維持。若放棄第一條件，則上述第一、第二兩點基本精神均無法維持。下面我們將提出四個可能的修正方案來取代原來的涵蓋律模式，並附帶討論這四個方案所表現的基本精神。

第一個可能的修正方案是放寬第三個切當條件，不要求普遍定律必須得到高度驗證，而只要求其未遭受反例推翻即可。以我們在第四節所舉的玩具浮出水面的說明為例：L_1 固然極易遭受反例推翻；但若概括性的排除一切可能的反例，而把 L_1 修訂成 L_1' 之後，則必須添加先行條件 C_0，而 C_0 之為真又難以肯定。現在，此修正方案既不要求 L_1' 必須得到高度驗證，而只要求其尚未被推翻即可，則我們不必概括性的排除一切可能推翻 L_1 的反例，而只要把目前已經想到的反例，逐一列舉加以排除即可。換言之，只要把 L_1 修正成下面的普遍定律即可。

L_1'''：在沒有磁鐵引力干擾、沒有表面張力干擾、物體沒有裂縫讓液體滲入，……等等情況下，任何物體放入任何液體之中，若物體之重量大於同體積液體之重量，則物體會沉入液體之中；反之，若物體之重量小於同體積液體之重量，則物體會浮出液面；

若兩者重量相等，則物體可停留於液體中的任何地方，不沉不浮。

L_1''' 雖然不像 L_1' 那樣用概括性的描述來排除一切可能的反例，而是用逐一列舉的方式，因而隨時都有可能被列舉時未想到的反例所推翻；然而，在我們尚未想出漏列的反例之前，卻未嘗不可暫時接受 L_1'''，等到我們發現或想到新的反例時，再隨時添列加以排除。當我們暫時接受 L_1''' 時，並不是認定它已得到高度驗證，而只是尚未有反例，故暫且加以接受而已。

L_1' 改成 L_1''' 之後，就不必有先行條件 C_0 來告訴我們說：「沒有那些可以輕易推翻 L_1 的情況」或「有理想狀況存在」。我們只要知道沒有 L_1''' 所列舉排除的情況即可。因此，C_0 可修正如下。

C_0''：此玩具不受磁鐵引力干擾，不受表面張力干擾，沒有裂縫可讓液體滲入，……等等。

由於 C_0'' 未採取概括性的描述，故能夠免去 C_0 所遭遇到的難以滿足第四個切當條件的困難。要認定 C_0'' 為真並非難事。

現在，我們可以把玩具浮出水面的說明改寫如下：

$$\text{前提}\begin{cases} L_1''' \\ C_0'' \\ C_1 \\ C_2 \\ C_3 \end{cases}$$

結論　E

這個說明滿足了第一、第二、第四等三個切當條件，以及放寬後的第三個切當條件，亦即：普遍定律尚未遭反例推翻。

上述的修正方案很明顯的違背了涵蓋律模式的第一點精神，因為它暫時接受未得高度驗證的普遍定律，不符合穩紮穩打的審慎態度。這個方案的基本精神比較接近卡爾·波柏 (Karl R. Popper) 的科學觀。波柏主張科學理論或定律只能被否證 (falsified) 而不能被驗證 (confirmed)；但在未否證之前，我們可暫且接受，用來做為說明或預測的前提，一直到遭受否證時再加以修改或放棄。使用這樣的前提當然相當危險。波柏認為科學本來就是一種冒險事業 (adventure enterprise)，而不是保險的穩當事業⓲。

第二個可能的修正方案是放寬第四個切當條件，不要求敘述理想狀況存在之先行條件已知為真，而只要未知其為假即可。在第四節，我們曾指出：C_0 因為肯定理想狀況的存在，概括的否定足以推翻 L_1 的狀況，而無明確之內容，故難以斷定其為真。現在第四個切當條件既已放寬，則在尚未發現足以推翻 L_1 的狀況之前，可暫時接受 C_0 做為先行條件。因此，玩具浮出水面的說明可寫成：

⓲ 關於波柏的科學觀，請閱 Popper, *The Logic of Scientific Discovery*, §§ 31, 85；及拙著〈卡爾·波柏與當代科學哲學的蛻變〉。

$$\text{前提}\begin{cases} L_1' \\ C_0 \\ C_1 \\ C_2 \\ C_3 \end{cases}$$

結論　E

其中 C_1、C_2、C_3 皆已知為真，而 C_0 未知為假，故滿足放寬後之第四個切當條件。這個說明滿足第一、第二、第三等三個切當條件，已在第四節說過，不再贅述。

同樣的道理，下面的說明也符合第二個可能的修正方案：

$$\text{前提}\begin{cases} L_1'' \\ L_2' \\ L_3 \\ L_4 \\ C_0' \\ C_1 \\ C_2 \\ C_3 \end{cases}$$

結論　E

其中 C_1、C_2、C_3 已知為真，C_0' 未知為假，可暫時接受，故滿足放寬後的第四個切當條件。其餘三個切當條件之滿足，已詳述於第四節的末段，不再重覆。

這個修正方案很明顯的違背了涵蓋律模式的第一點精神，而較接近卡爾·波柏的科學觀。因為它冒著錯誤的危險而暫時接受未經證實的先行條件（例如：C_0 和 C_0'），不符合穩當審慎的原則。

第三個可能的修正方案是放寬第一個切當條件，不要求待說明事象是普遍定律與先行條件的邏輯結論；換言之，不要求普遍定律與先行條件足以支持待說明事象會發生的結論。我們在第四節曾指出：普遍定律若含有比較抽象的概念（例如：L_1'' 含有「浮力」概念），則必須要有對應規則（例如：L_2）來連繫抽象概念（例如：浮力）與具體事象（例如：物體之浮沉）之間的關係，我們才能夠由普遍定律與先行條件推出待說明的事象。例如：只由 L_1''、C_1、C_2、C_3 推不出 E；必須添加對應規則 L_2 之後，才能由 L_1''、L_2、C_1、C_2、C_3 推出 E。然而，所添加的對應規則又極易遭受反例推翻，其困難與未使用抽象概念之定律（例如：L_1）所遭遇的困難相同。第三個可能的修正方案就是：不必添加對應規則 L_2，而放寬邏輯推理的嚴格要求，允許我們由 L_1''、C_1、C_2、C_3 推出 E。我們在第四節曾說過：在直覺上，依據我們對浮力概念的瞭解，由 L_1''、C_1、C_2、C_3 推出 E，似乎不成問題。這個推理之所以會成為問題，乃是因為第一個切當條件嚴格要求普遍定律與先行條件必須足以支持結論；也就是說，推出結論所需要的前提必須明白列出。由於這項要求，我們才必須把我們對浮力概念的理解寫成 L_2，列入前提，使前提足以支持結論 E。現在這項要求既已放寬，我們似乎可以接受下面的說明：

$$\text{前提}\begin{cases} L_1'' \\ C_1 \\ C_2 \\ C_3 \end{cases}$$
$$\text{結論}\quad E$$

事實上，即使我們不要求嚴格的邏輯推理，而允許較寬鬆的直覺推理，上面的說明仍難令人滿意。因為我們對浮力概念的瞭解，只能令我們直覺到 L_1'' 中的浮力概念與物體浮沉之間的關係，而要由 L_1''、C_1、C_2、C_3 直覺的推出 E，尚須知道，沒有浮力及重力以外的因素干擾。因此，我們必須添加先行條件 C_0 或 C_0' 或 C_0''，而將上面說明改寫如下：

$$\text{前提}\begin{cases} L_1'' \\ C_0 \\ C_1 \\ C_2 \\ C_3 \end{cases} \qquad \text{前提}\begin{cases} L_1'' \\ C_0' \\ C_1 \\ C_2 \\ C_3 \end{cases} \qquad \text{前提}\begin{cases} L_1'' \\ C_0'' \\ C_1 \\ C_2 \\ C_3 \end{cases}$$
$$\text{結論}\quad E \qquad\qquad \text{結論}\quad E \qquad\qquad \text{結論}\quad E$$

上面三個說明有一共同之點，那就是沒有對應規則（例如：L_2、L_2'、L_3、L_4 等）來連繫浮力與物體沉浮之間的關係。抽象概念與具體事象之間的關係，很難用明確的規則來表達。使用抽象理論的人，必須憑自己對抽象概念的瞭解，來判斷某一抽象理論可否適用於某一具體事象。瞭解愈透徹，所做的判斷也愈恰當。例如：對浮力有相當瞭解的人自然知道細針因表面張力而不下沉並非浮力作用；瞭解萬有引力的人不會把磁鐵的引力算在內。當我們從說明的前提推出結論時，固然必須靠我們對抽象概念的瞭解來連繫這些概念與具體事象之間的關係；但卻不必寫成明確的對應規則，加入前提之內，使說明滿足有效論證的嚴格要求。簡言之，我們不必要求科學說明必須把推得結論所需的前提明確列出。

很明顯，第三個可能的修正方案違背了涵蓋律模式的兩點基本精神，尤其是第二點。抽象概念與具體事象之間的關聯，既然沒有對應規則加以明確敘述，而是依賴每個人不同程度的瞭解來連繫，則抽象概念難免含意模糊，不容易具有明確的經驗內容。這個方案的基本精神比較接近托瑪斯·孔恩 (Thomas S. Kuhn) 的觀點。孔恩強調一個科學典範 (paradigm) 或理論最基本的部分往往難以明確敘述；初學者必須從範例入手去學習一門科學，而不是由規則入手；浸淫既久，自能心領神會，得其精髓。形式規則既不可得，也無濟於事⓳。因此，孔恩認為哲學家即使能夠依據科學社群已往的經驗，歸納出一套對應規則，完全符合某一抽象概念已往的使用情況，但也不能保證一定會符合其未來的使用情況。科學家對抽象概念的瞭解是會改變的；它會隨科學的進展而改變，也會影響科學理論的演變⓴。

第四個可能的修正方案是同時放寬第一及第四兩個切當條件，也就是第二及第三兩個修正方案之合併方案。我們剛才討論第三個可能的修正方案時，最後所列出的三個說明中，只有最後一個（亦即前提含有 C_0'' 的說明）可能滿足第四個切當條件；因

⓳ 請閱 Kuhn, *The Structure of Scientific Revolutions*, Ch. 5, pp. 43–51.

⓴ 請閱 Kuhn, "Second Thoughts on Paradigms", pp. 301–307. Paul K. Feyerabend 也有相似的主張，請看他的 *Against Method*, Ch. 17.

為 C_0'' 對理想狀況採取逐項列舉的方式，我們尚有可能斷定其為真。其他兩個說明所含的前提 C_0 或 C_0' 均採概括描述的方式，難以斷定其為真。因此，為了要接受這兩個說明，第四個切當條件也必須同時放寬，僅放寬第一個切當條件是不夠的。至於此合併方案所表現的基本精神，只是第二及第三兩個修正方案之精神的合併而已，不再贅述。

六、結　論

主張涵蓋律模式的科學哲學家堅持涵蓋律模式是切當說明的理想模式，一切科學說明皆應以此模式為理想的目標。他們認為在科學史上或科學實況中，科學說明未能符合理想模式，乃是因為我們所使用的定律不夠精確，或我們所知道的先行條件不夠豐富，或我們對抽象概念的瞭解不夠透徹。科學不斷進步，這些缺陷逐步彌補之後，科學說明就能達到理想的境界，而完全符合理想模式。本文的分析指出這種境界是無法達成的，涵蓋律模式在理論上有基本困難，不是科學進步所能克服的。

本文提出四種可能的修正方案，以逃脫涵蓋律模式所遭遇的困境。這些修正方案都違背了該模式的基本精神，而比較接近波柏或孔恩等人的觀點。其實，波柏並未指出涵蓋律模式的這些困境，他的科學觀來自反歸納法；孔恩也未分析涵蓋律模式的邏輯結構，他的觀點得自科學史及科學實況的考察。但是，為了要解決涵蓋律模式的基本困難所提出的修正方案，卻隱然與波柏、孔恩等人的基本觀點相吻合。由此看來，當代科學哲學由主張涵蓋律模式的實證論，經過波柏，過渡到孔恩的典範說，並非偶然[21]。

參考書目

Carnap, Rudolf. *An Introduction to the Philosophy of Science*. New York: Basic Books, 1974.

Dray, William. *Laws and Explanation in History*. Oxford: Oxford University Press, 1957.

Dray, William. "'Explaining What' in History". In *Theories of History* (ed. by Patrick Gardiner). New York: Free Press of Glencoe (1959), pp. 403–408.

Feyerabend, Paul K. *Against Method: Outline of an Anarchistic Theory of Knowledge*. London: Verso, 1975.

Friedman, Michael. "Explanation and Scientific Understanding". *Journal of Philosophy*, Vol. LXXI (1974), pp. 5–19.

Friedman, Michael. "Theoretical Explanation". In *Reduction, Time and Reality: Studies in the Philosophy of Natural Science* (ed. by Richard Healey). Berkeley: University of California Press (1981), pp. 1–16.

Gale, Barry G. *Evolution without Evidence*. Sussex: The Harvester Press, 1982.

Hempel, Carl G. "Studies in the Logic of Explanation". *Philosophy of Science*, Vol. 15 (1948), pp. 135–175.

Hempel, Carl G. *Aspects of Scientific Explanation and Other Essays in the Philosophy of Science*. New York: Free Press, 1965.

Humphreys, Willard C. *Anomalies and Scientific Theories*. San Francisco: Freeman, Cooper & Company, 1968.

Kitcher, Philip. "Explanation, Conjunction, and Unification". *Journal of Philosophy*, Vol. LXXXIII (1976), pp. 207–212.

Kitcher, Philip. "Explanatory Unification". *Philosophy of Science*, Vol. 48 (1981), pp. 507–531.

㉑ 有關當代科學哲學的蛻變，以及波柏所扮演的角色，請看拙著〈卡爾・波柏與當代科學哲學的蛻變〉。

Kuhn, Thomas S. *The Structure of Scientific Revolutions* (2nd edition, enlarged). Chicago: University of Chicago Press, 1970.

Kuhn, Thomas S. "Second Thoughts on Paradigms". In *The Essential Tension: Selected Studies in Scientific Tradition and Change*. Chicago: University of Chicago Press (1977), pp. 293–319.

Nagel, Ernest. *The Structure of Science*. New York: Harcourt, Brace & World, 1961.

Popper, Karl R. *The Logic of Scientific Discovery*. London: Hutchinson, 1959.

Salmon, Wesley C. "Statistical Explanation". In *Statistical Explanation and Statistical Relevance* (ed. by Salmon). Pittsburgh: University of Pittsburgh Press (1971), pp. 29–87.

Salmon, Wesley C. "Theoretical Explanation". In *Explanation* (ed. by Stephan Körner). New Haven: Yale University Press (1975), pp. 119–184.

Salmon, Wesley C. *Scientific Explanation and the Causal Structure of the World*. Princeton: Princeton University Press, 1984.

Scheffler, Israel. *The Anatomy of Inquiry*. New York: Knopf, 1963.

林正弘,〈科學說明〉,《白馬非馬》, 臺北: 三民書局 (1975), pp. 8–25。

林正弘,〈瑞姆濟的理論性概念消除法〉,《知識・邏輯・科學哲學》, 臺北: 東大圖書公司 (1985), pp. 49–72。

林正弘,〈克雷格定理及其在科學哲學上的應用〉,《知識・邏輯・科學哲學》, pp. 73–186。

林正弘,〈卡爾・波柏與當代科學哲學的蛻變〉, 民國 74 年 11 月於「國立臺灣大學創校四十周年國際中國哲學研討會」上宣讀。現收入本文集。

林正弘,〈過時的科學觀: 邏輯經驗論的科學哲學〉,《當代》, 第十期 (1987), pp. 20–26。

叁、卡爾・波柏與當代科學哲學的蛻變

一、前　言

卡爾・波柏 (Karl Raimund Popper, 1902–1994) 在當代科學哲學中扮演極重要的角色。近十多年來出版的許多科學哲學論著都認為他在當代科學哲學的蛻變中扮演了承先啟後的角色；詳言之，他的科學哲學可以看做是由實證派的科學哲學 (positivist philosophy of science) 過渡到托瑪斯・孔恩 (Thomas S. Kuhn) 及保羅・費雅耶班 (Paul K. Feyerabend) 等人的新科學哲學的橋樑❶。本文的目的是要從科學客觀性的觀點對波柏所扮演的這種角色做初步的探討。在第二、第三兩節中，我們將分析實證派科學哲學對科學客觀性所做的說明，並由此引申此派科學哲學的一

---

❶ 對波柏的地位持這種看法的論著有：Frederick Suppe, *The Structure of Scientific Theories*; Harold I. Brown, *Perception, Theory, and Commitment*; George F. Kneller, *Science as a Human Endeavor*; A. F. Chalmers, *What is this thing called Science?* David Papineau, *Theory and Meaning*; Craig Dilworth, *Scientific Progress*; George Radnitzky, "Popper as a Turning Point in the Philosophy of Science"; David Stove, *Popper and After*; Ian Hacking, *Representing and Intervening*.

些特色。第四節將指出孔恩的科學革命理論 (Kuhn's theory of scientific revolutions) 中有那些觀點不同於實證派對科學客觀性所做的說明，有那些特色與實證派的科學哲學不同。第五節將探討波柏的科學哲學中有那些學說可以看做是新舊觀點蛻變的橋樑；換言之，他的科學哲學在何種意義下扮演了承先啟後的角色。

二、實證派對科學客觀性的說明

自然科學在近三、四百年來的突飛猛進是有目共睹的事實。與社會科學及人文學科相比較，自然科學累積了更多可靠的知識，也獲致更多應用的成果。有許多因素造成自然科學的這種優越性。其中有一個因素是大多數的科學家及一般大眾所公認的，那就是自然科學的客觀性 (objectivity)。然則這種客觀性的依據或根源何在？一般常識性的看法認為：科學之所以具有客觀性乃是因為科學理論建基於客觀的事實或證據之上；詳言之，科學理論的建立是以觀察或實驗為基礎的，而觀察和實驗的結果具有相當高度的客觀性，因此，科學家之間的爭論大多能夠用觀察或實驗的結果來解決。邏輯實證論者（logical positivists，我們簡稱之為「實證派」）大體上接受這種常識性的看法。他們對科學客觀性的說明，主要是依照這種看法進一步做精密的分析與發揮。

我們仔細分析實證派的科學哲學，發現他們對科學客觀性的看法可以歸結成下列三個要點：

⑴我們使用感覺器官對事象所做的觀察，尤其對實驗結果的觀察，有相當高度的客觀性，在相當程度內可以免除許多主觀因素的干擾。這種事象叫做「可觀察事象」(observable phenomena)。

⑵我們能夠使用語言把所觀察到的事象客觀地加以描述。這種純粹描述客觀事象的語句叫做「觀察語句」(observational sentences)。這種語句的真假僅憑觀察的結果就足以判斷。

⑶科學理論與觀察語句之間必須具有邏輯關係。科學理論與觀察或實驗的結果（亦即對可觀察事象的觀察結果）之間的關係乃是透過觀察語句與科學理論間的邏輯關係而建立的。

因為邏輯關係具有極高度的客觀性❷，而且觀察語句只是純粹地描述我們觀察的結果；因此，觀察結果的客觀性可透過觀察語句傳遞給科學理論。其間傳遞關係可圖示如下：

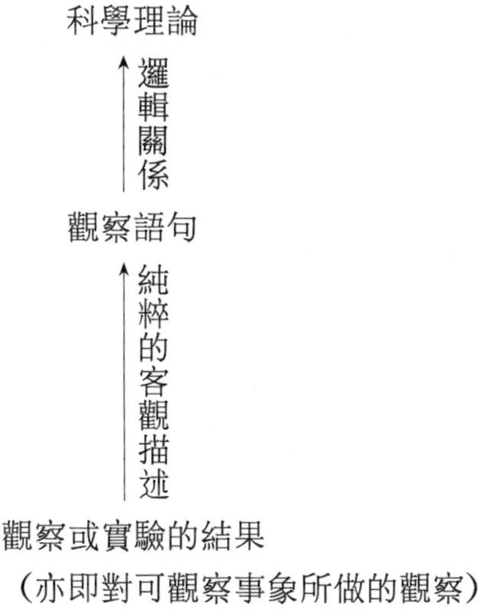

科學理論
↑ 邏輯關係
觀察語句
↑ 純粹的客觀描述
觀察或實驗的結果
（亦即對可觀察事象所做的觀察）

據筆者所知，在實證派的論著中，未有對上述觀點做有系統

❷ 在邏輯實證論者看來，演繹邏輯的命題是必然的分析命題，因而演繹邏輯關係是絕對客觀的。至於歸納邏輯關係雖非絕對客觀，但邏輯實證論者（例如：卡納普、韓佩爾等人）也企圖尋求大家能夠接受的客觀標準，用來評估歸納關係的強弱。

的論述，但是從他們討論(i)科學說明的模式及其切當條件，以及(ii)經驗意義的判準等論題的著作中，很清楚的可以看出他們持有上述的觀點。現分別略述之。

(i)科學說明的模式及其切當條件[3]

按照實證派的說法，要對「某一事象 E 為何會發生」做科學說明 (scientific explanation)，必須列出普遍定律 (general laws) 及先行條件 (antecedent conditions)，然後由這些定律及條件導出「E 會發生」的結論。這種科學說明的模式可圖示如下：

邏輯推理			
	L_1、L_2、…、L_n	普遍定律	說明項 (explanans)
	C_1、C_2、…、C_m	先行條件	
→	∴ E	事象描述	待說明項 (explanandum)

一個切當的 (adequate) 科學說明，除了符合上述模式之外，尚須滿足四個必備條件：

〔條件(a)〕：以說明項（亦即普遍定律及先行條件）為前提，必須能導出待說明項（亦即事象描述）。由前提導出結論的邏輯推理必須是正確的。此處所謂「邏輯推理」兼指演繹推理 (deductive reasoning) 和歸納或統計推理 (inductive or statistical reasoning)；因而所謂「正確的邏輯推理」包括有效的 (valid) 演繹推理和具有相當強度的歸納或統計推理。

[3] 有關科學說明的簡要介紹，請參閱 Carl G. Hempel, *Philosophy of Natural Science*, Ch. 5, pp. 47–69. 詳細的討論，則請看 Hempel, *Aspects of Scientific Explanation and Other Essays in the Philosophy of Science*, Part IV；以及 Ernest Nagel, *The Structure of Science*, Chs. 2–3.

〔**條件**(b)〕: 必須列出普遍定律。普遍定律可能是全稱語句 (universal sentence), 也可能是統計概率語句 (statistic probability sentence)。此處「普遍」(general) 一詞沒有「全稱」的意思, 而是表示「不指稱特定個體」之意。

〔**條件**(c)〕: 說明項中所列的語句必須是真的。詳言之, 所列出的普遍定律必須是真的或得到高度驗證的 (highly confirmed 或 well-confirmed), 而所列出的先行條件也必須是真實的。

〔**條件**(d)〕: 說明項內必須具有經驗內容 (empirical content); 換言之, 所列出的普遍定律及先行條件都必須有可能用觀察或實驗來加以檢驗。韓佩爾 (Carl G. Hempel) 還特別指出: 此條件實已隱含於條件(a)之中, 因為待說明項是對經驗事象的描述, 而依據條件(a), 待說明項可由說明項導出, 因此由說明項可導出對經驗事象的描述❹。

上面所介紹的是對單獨事象的科學說明。其實, 除了單獨事象之外, 我們也可以對普遍定律加以說明, 因為對普遍定律我們也會問:「為什麼會如此?」照實證派的說法, 要對普遍定律加以說明, 必須使用更普遍的定律做為前提, 導出待說明的普遍定律。至於說明的模式及其切當條件則與單獨事件的說明相似, 不再贅述。

以上我們簡略地介紹了實證派有關科學說明的學說。我們現在要看看這種學說在那些地方顯露出實證派對科學客觀性所持的觀點。

韓佩爾在上述條件(d)中明白地指出: 在單獨事象的說明中, 待說明項所描述的是經驗事象, 亦即我們所觀察到的事象或實驗

❹ 請看 Hempel, *Aspects of Scientific Explanation*, p. 248.

的結果。這種客觀描述經驗事象的語句就是所謂的「觀察語句」。

科學理論是由許多普遍定律所構成的。其主要目的是要用來說明或預測❺。按照實證派的學說，對單獨事象所做的科學說明必須列出普遍定律，並由普遍定律及先行條件，用邏輯推理導出描述待說明事象的觀察語句。此外，對普遍定律所做的說明又必須列出更普遍的定律，並由之導出待說明的定律。因此，科學理論與觀察語句之間必須具有邏輯關係。

(ii)經驗意義的判準

按照實證派的說法，科學理論必須具有經驗內容 (empirical content) 或經驗意義 (empirical meaning)；詳言之，科學理論必須與我們的感官經驗（亦即使用感覺器官所做的觀察）有某種關聯❻。至於必須有何種關聯，則該派學者間的意見並不一致；因此，他們所提出的判斷有無經驗意義的標準也互不相同。現擇其重要者略述之。

〔判準(a)〕：施力克 (Moritz Schlick) 於 1932 年在〈哲學之未來〉("The Future of Philosophy") 一文中提出如下的判準：「我們要瞭解一個命題的意義，必須要能夠確切地指明該命題在何種情況

---

❺ 韓佩爾認為科學說明與科學預測的邏輯結構沒有基本上的差異。請參閱 Hempel, *Aspects of Scientific Explanation*, pp. 249–250, 364–376, 406–410.

❻ 實證派的意義判準是要用來判斷任意語句是否具有經驗意義，而不僅用來判斷科學定律或科學理論有無經驗內容而已。有關意義判準的簡要評介，請閱 Hempel, *Aspects of Scientific Explanation*, pp. 101–122；及 Israel Scheffler, *The Anatomy of Inquiry*, pp. 127–178.

下為真，在何種情況下為假。除了對這些情況加以描述之外，再沒有其他方法可以把一個語句的意義弄清楚。等弄清楚了之後，我們就可以觀察實際發生的情況，進而判斷該命題的真假。」❼

〔判準(b)〕：卡納普 (Rudolf Carnap) 於 1935 年在〈哲學與邏輯語法〉("Philosophy and Logical Syntax") 一文中提出如下的判準：「我們把檢證 (verification) 區分為直接檢證與間接檢證兩種。如果我們所要檢證的語句是敘述有關當前的知覺，……則這個語句可直接用我現在的知覺來試驗。……一個不能直接檢證的語句 P，只能間接加以檢證，其方法如下：從 P 以及其他業經檢證過的語句，演繹出一個能夠直接檢證的語句 Q，然後對 Q 加以直接檢證。……科學上的任何主張 P，都有如下的特徵：它必定是對當前的知覺或其他經驗有所敘述，因而可用這些知覺或經驗加以檢證；否則，就必定可由 P 以及其他業已檢證過的語句，演繹出敘述未來知覺的語句。如果從一個科學家所做的主張，居然無法演繹出敘述知覺的語句，則我們對他的主張應做何批評？……對這樣的主張，我們可答覆如下：這種主張根本不是主張；它根本沒有說到任何事；它只是一串字，而無任何意義。」❽

〔判準(c)〕：耶爾 (Alfred J. Ayer) 在 1936 年出版的《語言、真理與邏輯》(*Language, Truth, and Logic*) 一書中提出了如下的判準：一個命題 S 具有經驗意義的充分必要條件是：由 S 及其他輔助假設 P_1、P_2、…、P_n 可導出經驗命題 (experiential proposition) Q，而 Q 是無法僅由 P_1、P_2 …、P_n 導出的❾。此處所謂「經驗命題」

---

❼ 見 Moritz Schlick, "The Future of Philosophy", p. 48.

❽ 見 Carnap, "Philosophy and Logical Syntax", pp. 425–426.

❾ 見 Ayer, *Language, Truth and Logic*, pp. 38–39.

是用來記錄實際的觀察或可能的觀察。

〔判準(d)〕: 耶爾於 1946 年在《語言、真理與邏輯》的再版〈導言〉中，修正了他以前所提出的判準(c)[10]。修正後的判準如下：一個命題 S 具有經驗意義的充分必要條件是：由 S 以及其他輔助假設 P_1、P_2、…、P_n 可導出經驗命題 Q，而 Q 是無法僅由 P_1、P_2、…、P_n 導出的；且 P_1、P_2、…、P_n 必須都已按照修正後的判準斷定為具有經驗意義的命題[11]。

〔判準(e)〕: 卡納普於 1928 年出版的《世界的邏輯結構》(*Der logische Aufbau der Welt*，英譯 *The Logical Structure of the World*) 一書中要求經驗科學中的每一個非邏輯詞都必須能夠用描述知覺的語詞來定義，因而經驗科學中的每一個語句都可轉譯成只含知覺語詞及邏輯語詞的語句。

〔判準(f)〕: 卡納普於 1936–1937 年發表了一篇長達九十三頁的論文，題目叫做〈可試驗性與意義〉("Testability and Meaning")。在該文中，卡納普把判準(e)的兩項限制加以放寬。他所提出的新判準不要求用知覺語詞來取代每一個非邏輯詞，而只要求用較廣義的觀察語詞來取代即可。此外，新判準也不要求每一個非邏輯詞都要用觀察語詞來給予完整的定義 (complete definition)，而只要給予部分定義 (partial definition) 即可。所謂「觀察語詞」是指一般人在適當情況下，只要使用感覺器官來觀察，就足以判斷該語詞所描述的性質或關係是否存在。所謂「部分定義」是指下面

---

[10] 見 Ayer, *Language, Truth and Logic*, p. 13.

[11] 正如韓佩爾所指出的，耶爾在此並未犯循環定義的謬誤，他這種定義叫做「遞歸定義」(recursive definition)。請看 Hempel, *Aspects of Scientific Explanation*, p. 107, footnote 7.

形式的語句:

$$(x)〔T_1x \rightarrow (R_1x \rightarrow Px)〕$$

$$(x)〔T_2x \rightarrow (R_2x \rightarrow -Px)〕$$

其中 “T_1” 和 “T_2” 是試驗條件 (test-conditions), 例如:「把藍色石蕊試紙放入一盤液體 x 之內」,「使一小塊鐵片靠近另一鐵塊 x」等等; 其中 “R_1” 和 “R_2” 是試驗的結果或反應, 例如:「石蕊試紙在液體 x 中變成紅色」,「小鐵片被鐵塊 x 吸住」等等; 其中 “P” 為待定義的語詞, 亦即描述無法直接觀察之性質或關係的語詞, 例如:「x 是酸性液體」,「x 是磁鐵」 等等。如果所列出的試驗條件是可行的 (realizable), 亦即在適當情況下有辦法使其實現的; 而且試驗條件及試驗的反應都是可觀察的, 則上面形式的語句即為 “P” 做了部分定義。卡納普稱此種語句為「化約語句」(reduction sentence), 因為這種語句幫助我們把非觀察語詞化約成觀察語詞。如果一個科學理論中的非邏輯語詞都可用一串化約語句化約成觀察語詞, 換言之, 都可用觀察語詞加以部分定義, 則該科學理論即具有經驗意義⓬。

〔**判準**(g)〕: 卡納普於 1956 年在〈理論性概念的方法論性格〉(“The Methodological Character of Theoretical Concepts”) 一文中再度提出了新的判準。其要點如下:

設 T 為一科學理論中全部定律之集合, C 為對應規則 (Correspondence rules)⓭的集合, M 為 T 中的一個理論

⓬ 這個判準所要求的基本上乃是運作論 (operationism) 的要旨。

⓭ 所謂「對應規則」是指用來連繫理論語詞與觀察語詞的語句或規則。例如: 卡納普所提出的化約語句就是一種對應規則。而所謂「理論語詞」(theoretical term) 是指觀察語詞以外的非邏輯語詞; 換言之,

語詞⓮，K 為 M 之外的一些理論語詞之集合。在科學理論 T∪C 之中，M 相對於 K 有經驗意義的充分必要條件是：有三個語句 S_M、S_K 和 S_O，其中 S_M 是只含 M 而不含其他非邏輯語詞的語句，S_K 是不含 K 以外的其他非邏輯語詞的語句，So 是觀察語句（亦即不含觀察語詞以外的非邏輯語詞)，而且這三個語句與 T∪C 之間具有如下的關係：⑴ $\{S_M\}\cup\{S_K\}\cup T\cup C$ 是一致的（亦即不自相矛盾)，⑵ S_O 可由 $\{S_M\}\cup\{S_K\}\cup T\cup C$ 演繹導出，換言之，$\{S_M\}\cup\{S_K\}\cup T\cup C$ 蘊涵 S_O，⑶ S_O 無法由 $\{S_K\}\cup T\cup C$ 演繹導出，換言之，$\{S_K\}\cup T\cup C$ 不蘊涵 S_O。

在科學理論 T∪C 中，M_n 具有經驗意義的充分必要條件是：有一串理論語詞 M_1、M_2、…、M_n，其中每個 Mi $(1\leqslant i\leqslant n)$ 相對於 $\{Mj:1\leqslant j<i\}$（亦即 $\{M_1$、M_2、…、$M_{i-1}\}$）都在 T∪C 中具有經驗意義。

一個語句 S 在科學理論 T∪C 中具有經驗意義的充分必要條件是：S 中所含的每一個理論語詞都在 T∪C 中具有經驗意義。

以上簡略地介紹了七個不同的意義判準。除了判準(a)之外，其他判準都很清楚地指明有純粹描述客觀事象的所謂「觀察語句」。判準(b)中所說的「可直接用我們的知覺來試驗的語句」，以及判準(c)和(d)中的所謂「經驗命題」，固然是純粹描述客觀事象的

理論語詞所指稱的性質或關係是無法用我們的感覺器官直接觀察到的。

⓮ 「理論語詞」之意義請見⓭。

觀察詞句；判準(e)中所說的「描述知覺的語詞」，以及判準(f)和(g)中的所謂「觀察語詞」，也都是用來描述可觀察性質或關係的語詞，因而可用來構成觀察語句以描述可觀察的事象。甚至判準(a)中所要求指明的使命題為真或為假的情況，也可解釋為可觀察的情況。判準(a)既然要求確切指明或描述這些情況，則判準(a)也承認有所謂「觀察語句」。

同樣的，除了判準(a)之外，其他判準都很清楚地指明科學理論必須與可觀察語句具有邏輯關係。判準(b)、(c)、(d)固然使用「演繹出」、「可導出」等邏輯術語直接指明科學理論與觀察語句之間必須具有邏輯蘊涵的關係；即使判準(e)和(f)中「定義」和「化約」兩詞所表達的關係，以及判準(g)所敘述的較複雜的關係，也都是邏輯關係。它們所敘述的雖然是理論語詞與觀察語詞之間的關係，但是也間接表達了科學理論與觀察語句之間的邏輯關係。甚至判準(a)，也可以解釋為要求每一科學命題及其否定命題都必須可由觀察命題演繹導出。

本節開頭，我們曾提出實證派對科學客觀性看法的三個要點，並指出這三個要點可以從他們有關科學說明和意義判準的論說中看出來。但是，我們上面的討論僅指明這三個要點中的(2)和(3)兩點如何顯露於他們的論說之中，我們尚未討論第(1)要點，亦即觀察的客觀性。其實，在實證派有關科學說明和意義判準的論說中，並沒有明白指出觀察具有客觀性。但他們的論說無疑的隱含著觀察客觀性的觀點。現論述如下：

有人認為科學說明無須按照實證派所要求的模式，而只要能夠用我們熟悉的事象來和生疏的事象做類比或比附，使我們對原本生疏的事象產生熟悉之感，因而增加對它的瞭解，就算對它做了切當的說明。韓佩爾曾舉出許多理由來反駁這類論調[15]。其中有一項理由是說：對事象的熟悉程度因人而異。甲熟悉的事象 A，乙可能非常生疏；反之，甲生疏的事象 B，乙可能非常熟悉。因此，若用 A 來說明 B，則對甲來說是切當的說明，但對乙來說卻未必切當。如此則缺乏客觀的標準來判斷一個科學說明是否切當[16]。

從韓佩爾的這個反駁理由，可以看出他認為科學說明必須具有相當高度的客觀性。因此，科學說明所要說明的可觀察事象也必須具有相當高度的客觀性。如果我們使用感覺器官對事象所做的觀察沒有相當的客觀性，則待說明的事象也就無客觀性可言了。

此外，魯道夫·卡納普 (Rudolf Carnap) 曾明白承認：他之所以放棄現象語句 (phenomenalistic language) 而改用物理性語言 (Physicalistic language) 來描述觀察的結果（亦即寫出觀察語句），其主要理由之一是：物理性語言所描述的事象是大家都可以觀察到的[17]。假如大家對觀察語句所描述的事象沒有相當程度的客觀觀察，則觀察語句的客觀性也就無從建立。如此則到底使用現象語言或使用物理性語言來寫觀察語句，又有何區別？卡納普又何必為了描述大家可以觀察到的事象而更改其所使用的語言？可見，觀察客觀性的要求隱含於實證派的學說之中。

以上簡略地分析了實證派對科學客觀性的看法。在此必須澄清的是：實證派雖然強調科學具有高度客觀性，但並未主張其絕對客觀，換言之，他們並不完全排除科學中的主觀因素。這一點

---

[15] 請看 Hempel, *Aspects of Scientific Explanation*, pp. 256–258, 430–433.

[16] 請看前引書，p. 258.

[17] 請看 P. A. Schilpp (ed.), *The Philosophy of Rudolf Carnap*, pp. 51–52.

可以從他們有關歸納法 (induction)、驗證理論 (confirmation theory) 以及簡單性 (simplicity) 的論說中看出。茲略述如下。

實證派的科學哲學家雖然強調科學理論與觀察語句之間的關係是邏輯關係，因而與可觀察事象之間具有客觀的關係；但是他們並不認為可觀察事象能夠機械性的決定我們所應採取的科學理論或假設。按照他們的看法，科學家必須要有極豐富的想像力及原創力，才能夠提出理論或假設來說明我們所觀察到的錯綜複雜的事象。科學理論中往往使用一些相當抽象的概念，來說明較具體的事象。這些抽象概念是科學家想像力的產品，而不是可以從具體事象中看出的。例如：從燃燒現象中看不出燃素 (phlogiston) 或氧氣，但科學家卻想像出燃素或氧化的概念來說明燃燒現象。又如：當我們觀察氣體的體積、溫度與壓力之間的互相變化關係時，看不出氣體分子的運動，但科學家卻提出氣體分子動力說 (kinetic molecular theory of gases) 來說明波義耳及查理定律 (Boyle-Charles' law)。可見，我們不可能遵循一套機械性的規則，由觀察語句導出科學理論或假設。既然沒有客觀的規則來限定或引導科學家必須提出何種理論，則科學家到底會提出什麼樣的理論，也就難免會受到主觀因素的影響。實證派並不主張有一套歸納邏輯足以引導我們由觀察語句推衍出科學理論⑱。他們所強調的客觀性，並不是指科學理論的提出絲毫不受主觀因素的影響，而完全由客觀的事象所決定。他們所謂的客觀性乃是指我們有客觀的標準來判斷科學家所提出的理論是否足以說明待說明的事象。

我們曾經指出：實證派要求科學說明必須列出普遍定律，而

⑱ 請看 Hempel, *Philosophy of Natural Science*, pp. 14–15.

且普遍定律必須得到高度驗證。因此，若要有客觀的標準來判定一個科學說明的切當性，則必須要有客觀的標準來判定普遍定律的驗證程度。因此，驗證理論就成為實證派極端關切的論題。這個學派最重要的領導人卡納普的後半生幾乎全心全意投入驗證理論的研究工作⓳。他企圖借用機率理論的模式來建立驗證理論，希望證據對假設的支持力或驗證程度，也能像機率一樣，透過計算方法，用數值表達出來。他在這方面的研究成果，仍有爭議。1970 年卡納普去世後，這項研究工作由其高足傑佛瑞 (Richard Jeffrey) 繼續加以推展⓴。能否成功，目前言之尚早。有些實證派的哲學家退而求其次，不希望對每一假設 h 及每一組證據 e，都能用數值計算出 e 對 h 的支持力或驗證程度。他們只希望找出相當客觀的標準，來比較同一組證據對兩個假設支持力或驗證程度的高低，或兩組證據對同一個假設支持力或驗證程度的高低。這方面的研究已有一些初步成果，出現在許多邏輯教科書之中㉑。然

⓳ 卡納普在這方面的主要論著有："On Inductive Logic" (1945), "Two Concepts of Probability" (1945), "On the Application of Inductive Logic" (1947), "Truth and Confirmation" (1949), *Logical Foundations of Probability* (1950), *The Continuum of Inductive Methods* (1952), "The Aim of Inductive Logic" (1960), "Inductive Logic and Rational Decisions" (1971), "The Basic System of Inductive Logic" (1971). 卡納普於 1970 年 9 月 14 日去世。上列著作所附之年分乃出版之年分。

⓴ 傑佛瑞研究工作的初步成果已收入 Carnap and Jeffrey (eds.), *Studies in Inductive Logic and Probability*, Vols. I–II.

㉑ 例如：Howard Kahane, *Logic and Philosophy*, Ch. 16, §2–4, pp. 332–337; Stephen F. Barker, *The Elements of Logic*, Ch. 6, pp. 229–239; Robert Baum, *Logic*, Ch. 10, pp. 425–447.

而，不管這類研究工作會得到多少成果，有一個問題尚未獲得解答，那就是：一個假設要得到何種程度的驗證，我們才可加以接受？即使我們已研究出用數值來估量驗證程度的計算方法，我們仍然不能斷定我們可以接受的最低數值。換言之，即使有客觀的標準來估量一個假設所得到的驗證或支持程度，但是要不要接受如此驗證程度的假設，仍然是一項主觀的決定。有人要求較苛，只願意接受得到極高度驗證的假設；有人要求較寬，一個假設只要得到相當程度的驗證，就願意接受。實證派的科學哲學家未能為此定出客觀的標準。

現在假定我們已有客觀的計算方法，可用數值來估量一個假設的驗證程度；而且又有客觀的標準，明確定出一個假設必須達到何種驗證程度才可加以接受。即使在這種假想的情況下，我們仍會遇到無所適從的困境。假定有 H_1 和 H_2 兩個互不相同的假設，對同一組事象都可以做很好的說明，現有的證據都可以同樣強烈的支持 H_1 和 H_2；換言之，H_1 和 H_2 所得到的驗證程度相同，而且已達到可以接受的程度。在此情況下，我們應接受那一個假設？許多科學哲學家建議應該接受比較簡單的假設。然而，兩個假設之間，何者簡單，何者複雜，有時很難比較。如果科學家互相之間的比較標準不同，或甚至毫無標準可言，則科學的客觀性就要大打折扣。因此，實證派也企圖要尋求大家能夠共同接受的客觀標準。但這項工作並未成功。

三、實證派科學哲學的特色

實證派科學哲學最主要的課題是如何說明科學的客觀性。上節已簡略論述他們的觀點，本節將由此觀點申論此派科學哲學的一些特色。

實證派科學哲學最明顯的特色是極端注重邏輯分析。此派的全名叫做「邏輯實證論」或「邏輯經驗論」(logical empiricism)，很清楚的表明它比傳統實證論或傳統經驗論更強調邏輯的重要性。我們在上節已指出：他們之所以強調觀察語句與科學理論之間必須具有邏輯關係，乃是要借助邏輯關係，把觀察語句的客觀性傳遞給科學理論。其實，他們在其他場合強調邏輯的重要性，注重邏輯分析的工作，大致都與科學的客觀性有關。茲舉數例，略述如下。

實證派要求一個切當的科學說明必須列出普遍定律，已如上節所述。然而，何謂「普遍定律」？一個語句必須具備何種邏輯形式或特徵，才可成為定律？此派學者為此問題爭論不休，迄未得到大家共同接受的結論㉒。有趣的是：他們爭論的要點全部專注於邏輯問題，而對定律的內容卻不聞不問。很明顯的，他們認為必須找到定律的邏輯形式或特徵，才能客觀地判定一個科學說明是否滿足切當條件(b)。

有些實證派的科學哲學家強調科學說明與科學推測具有相同的邏輯結構，此派的另外一些學者則不贊同㉓。科學說明與科學推測之間有顯著的差異：前者是在知悉事象已經發生之後，再去

㉒ 有關此問題的爭論，請看 Hempel, *Philosophy of Natural Science*, §5.3, 5.5, pp. 54–58, 59–67; Nagel, *The Structure of Science*, Ch. 4, pp. 47–78.

㉓ 請看本文❺所列之論著，以及 Israel Scheffler, *The Anatomy of Inquiry*, pp. 43–57.

尋求普遍定律及先行條件，並由這些定律及條件推論出該事象會發生的結論；反之，後者是在事象尚未發生之前，或在我們尚未知悉其是否發生之前，即根據普遍定律及先行條件，推斷其會發生。實證派並不否認說明與推測之間有上述差異，他們所爭論的是：兩者的邏輯結構是否相同？可見，他們所關心的還是邏輯問題。他們希望科學推測也能像科學說明一樣，有客觀的標準來判定其是否切當。

此外，我們在實證派的科學哲學論著中又可看到他們興致勃勃地討論兩個很奇怪的問題：古德曼 (Nelson Goodman) 所提出的「綠藍色問題」(grue problem) 及韓佩爾所提出的所謂「烏鴉問題」(raven problem)。

古德曼在他的名著《事實、虛構與預測》(*Fact, Fiction, and Forecast*) 中提出下面的問題[24]。他自己發明了一個英文字 "grue"。這個字是以「綠色」之英文字 "green" 的頭兩個字母，再取「藍色」之英文字 "blue" 的後兩個字母拼成的。因此，我們把它譯成「綠藍色」。這個新詞的定義如下：

x 是綠藍色的充分必要條件是：

(1) x 在西元 2000 年 1 月 1 日以前被觀察過，而且 x 是綠色的；

或

(2) x 在西元 2000 年 1 月 1 日以前未被觀察過，而且 x 是藍色的。

按照這樣的定義，因為我們到目前（1988 年）為止所看過的翡翠都是綠色的，因此，這些已被觀察過的翡翠可以做為支持下面兩

[24] 請看 Nelson Goodman, *Fact, Fiction, and Forecast*, pp. 72–81.

個假設的證據:

假設㈠: 所有翡翠都是綠色的。

假設㈡: 所有翡翠都是綠藍色的。

然而, 這兩個假設的內容並不相同。我們若接受假設㈠, 則會預測西元 2000 年 1 月 1 日以後新發現的翡翠仍然是綠色的。反之, 若接受假設㈡, 則會預測上述日期以後新發現的翡翠將會是藍色的。因此, 我們必須在兩個假設之間有所選擇。我們都會選擇假設㈠。古德曼也不反對如此選擇。他的問題是: 我們如此選擇所依據的標準是什麼? 若無法回答這個問題, 我們就沒有標準可用來判斷一組證據應支持或驗證什麼樣的假設。如此, 則科學的客觀性何在? 古德曼本人是實效論者 (pragmatist) 而非實證論者, 但實證論者對「綠藍色問題」的興趣卻超過實效論者。

韓佩爾在〈驗證邏輯之研究〉("Studies in the Logic of Confirmation") 一文中提出所謂「烏鴉問題」㉕。他要我們考慮下面兩個假設:

假設(A): 所有烏鴉都是黑的。

假設(B): 所有不是黑的都不是烏鴉。

這兩個假設在邏輯上意義相同, 因此, 能夠支持它們的證據理應相同。然而, 我們若找到一個既不是黑的, 又不是烏鴉的東西 (例如: 白色的天鵝), 似乎可以用來支持假設(B)。但若把白天鵝當做支持假設(A)的證據, 則實在非常荒唐。這個問題顯示: 一個假設到底要找那些證據來支持, 尚未有客觀的標準足以遵循。如此, 則科學的客觀性又如何建立?

從企圖建立科學客觀性的觀點來考慮, 我們可以理解實證派

㉕ 請看 Hempel, "Studies in the Logic of Confirmation", pp. 10–20.

的科學哲學家何以在這類看起來非常奇怪、甚至可笑的邏輯問題上大做文章，而且樂此不疲。

實證派科學哲學的第二個特色是不重視科學發展的過程。我們閱讀此派科學哲學的論著有一深刻的印象，那就是他們很少引用科學史上的例子，甚至連目前一般初級科學教本上的例子都很少引用；即使偶爾提及，也大都一筆帶過，絕少做深入的分析與探討。他們要做細密的邏輯分析時，大都造出一些不自然的例子來當做分析的對象。上面所舉的例子，如：「所有烏鴉都是黑的」，「所有翡翠都是綠色的」，都不是科學定律或科學假設，沒有科學家提出這樣的定律或假設。其中「綠藍色」(grue) 的例子更令人覺得造作而可笑。這種忽視科學史實及科學實況的作風，不但流行於實證派的著作，流風所及，非實證派的科學哲學著作也受其影響。哈佛大學的科學史家伯納德·柯恩 (I. Bernard Cohen) 曾舉出尼古拉斯·瑞雪 (Nicholas Rescher) 的《科學說明》(*Scientific Explanation*) 一書做為此種作風的極端例子[26]。該書從頭到尾沒有分析任何科學實例。瑞雪本人並非實證派的哲學家，而且在哲學界以著述豐富、學識廣博而聞名，他的專業領域包括知識論、哲學史、倫理學、多值邏輯、科學哲學，甚至對阿拉伯邏輯也有專書論述，同時他又是匹茲堡大學科學史及科學哲學研究所的資深教授。以他的知識背景，要尋找適當的實例來做為分析的對象應無困難。他沒有這樣做，顯然是受實證派的影響，不認為有此必要。大部分科學家及科學史家從不讀科學哲學的著作，大概與此作風有關；他們不認為這些著作真正談到科學或科學史。

---

[26] 請閱 I. Bernard Cohen, “History and the Philosopher of Science”, p. 309, footnote 5.

實證派為什麼會忽視科學史實及科學實況？以下將做初步的探討。首先，實證派所強調的邏輯關係，乃是指一個已經形成的理論之內部的邏輯關係，例如：理論中所含各定律互相間是否一致？由其中的基本定律可否導出其他定律？等等邏輯問題；以及該理論與觀察語句之間的邏輯關係，例如：理論能否切當地說明某一事象？理論是否與觀察語句有某種邏輯關聯，因而具有經驗內容？理論得到證據何種程度的支持？等問題。在探討上述問題時，都只須知道已形成的理論即可，無須知道理論形成的過程。上節已指出：實證派不認為有任何邏輯規則足以引導科學家去提出或設想科學理論。在實證派看來，理論形成的過程並非邏輯分析的對象。對於理論的變遷與發展，實證派也只能就演變過程中新舊兩個理論做邏輯分析，比較其驗證程度的高低，涵蓋範圍的寬狹；至於科學家如何放棄或懷疑舊理論，如何產生修改的念頭，以及如何提出新的構想等等過程仍非邏輯分析的適當對象。由此看來，科學哲學家對科學理論做邏輯分析時，似乎不必去注意科學史實。

其次，邏輯研究的主要對象是語句或理論的形式，而非內容。科學理論與其他理論在邏輯形式或邏輯結構上可能沒有多大差異；換言之，兩者之間的差異，不易經由邏輯分析顯示出來。因此，在分析何種語句能夠給予何種語句以何種程度的支持或驗證時，沒有必要限定在科學語句的範圍之內；因而研究所得的驗證理論可以適用於一切假設的驗證，而不僅限於科學假設或定律。同樣的理由，在探討語句或理論的經驗內容時，實證派所分析的對象也不限於科學定律或科學理論；他們所尋求的意義判準乃是任何語句或理論有無經驗意義的判斷標準，而不是用來區分科學理論與非科學理論的標準[27]。此外，他們主張把切當的科學說明所必備的形式及條件適用於科學以外的說明。韓佩爾還特別寫專篇論文，強調社會科學及人文學科的說明，尤其是歷史說明，必須符合他所提出的模式，滿足他所要求的切當條件[28]。這種論調不難理解，因為從純邏輯形式的角度來看，科學說明與其他領域的說明並無明顯的基本差異。

邏輯分析的對象既然不必限於科學定律或理論，而分析所得的成果又可適用於科學以外的其他領域，則實證派科學哲學家在做分析探討工作時往往忽略科學史及科學實況，也就不足為奇了。他們有時甚至為了凸顯問題的重點，故意捨棄現成的科學實例，而刻意虛構極不自然的例子來代替。前面所提到的「綠藍色」(grue)就是典型的例子[29]。

實證派科學哲學的第三個特色是排斥形上學。邏輯實證論或邏輯經驗論之反形上學，是眾所周知的事實。自從維也納學派成立以來，反形上學運動一直是該學派的重點工作。他們鍥而不捨地尋求妥切的意義判準，主要目的就是要把他們認為沒有意義的

---

[27] 請閱 Hempel, "Empirical Criteria of Cognitive Significance: Problems and Changes"，以及 Popper, *The Logic of Scientific Discovery*, p. 85, footnote *1.

[28] 請看 Hempel, "The Function of General Laws in History", "The Logic of Functional Analysis".

[29] 這個虛構的例子凸顯出問題的嚴重性：即使在極單純的情況下，問題仍然存在。一大堆綠色的翡翠可當做支持假設(一)的證據，似乎不會有任何問題。然而，在這個虛構的例子中，竟然成為問題：我們竟然提不出大家一致認可的理由，來說明我們為何選擇假設(一)而不選擇假設(二)。

形上學擯除於知識領域之外。按照他們的說法，一切語句可分成分析語句 (analytic sentences) 和經驗語句 (empirical sentences) 兩類。分析語句的真假，只須分析其所含語詞之意義，即足以判斷。數學語句及邏輯語句屬於此類。經驗語句的真假，則除了分析其所含語詞的意義之外，尚須憑感官經驗才能判定。自然科學和社會科學中的語句，以及一般敘述語句屬於此類。除了這兩類語句之外，其他語句均無認知意義 (cognitive meaning)。詳言之，一個語句之真假，既無法憑其所含語詞的意義來判定，也無法憑感官經驗來判定，則該語句即無真假可言。這樣的語句，也許表面上看來好像是要告訴我們有關實際世界的事實，其實並未告訴我們任何訊息。它們也許具有表達情緒的功能，因而並非全無意義；但它們沒有傳達訊息的功能，因而在認知的層面上是沒有意義的。至於經驗語句如何憑感官經驗來判定真假呢？據實證派的看法，它們必須與描述感官經驗的觀察語句具有邏輯關聯㉚。按照實證派的分析，傳統哲學中的許多理論或語句，一方面既無法僅憑其所含的語詞之意義來判定其真假，另一方面又無法與觀察語句具有邏輯關聯，因此不具任何認知意義。這樣的理論或語句不完全屬於形上學，也有屬於知識論的。但實證派一律稱之為「形上學」。一般所謂實證論者的反形上學，即指此而言。

科學理論或定律必定涉及實際世界，它們不會是分析語句，更不會是不具認知意義的語句，因此必須是經驗語句，而不是形上學語句。科學理論或定律若含有形上學語句，則無法與觀察語

㉚ 至於必須具有何種邏輯關聯，則此派學者並無共同一致的看法。因此，他們所主張的意義判準也不相同。請看本文第二節所列出的意義判準(a)－(g)。

句具有邏輯關聯，因而也就無法憑客觀的觀察來判定科學理論或定律的真假；簡言之，觀察結果的客觀性，無法借助邏輯關係，透過觀察語句，傳遞給科學理論或定律。

四、孔恩的科學革命論對科學客觀性的觀點

自從 1962 年孔恩 (Thomas S. Kuhn) 的《科學革命的結構》(*The Structure of Scientific Revolutions*) 一書出版以來，引起許多討論[31]。一般都認為孔恩此書為科學哲學掀起了一場革命。書中許多觀點與實證派的科學哲學針鋒相對。在本節中，我們將為孔恩的科學革命論做簡略的摘要，然後再指出孔恩的學說中有那些觀點與實證派的觀點互相衝突。

孔恩是一位物理學出身的科學史家。他在科學史的研究中，發現一般對科學的傳統看法（包括本文第二節所說的常識性看法及實證派的看法）與科學發展的史實並不契合，傳統的看法得不到科學史料的支持。於是他就按照自己研究史料的心得來描述科學發展或變遷的歷程。這個歷程可略示如下[32]：

> 前科學 → 常態科學 → 科學危機 → 科學革命 → 新常態科學 → 新科學危機 → ……

[31] 專門討論孔恩科學革命論的論文集有：Imre Lakatos and Alane Musgrave (eds.), *Criticism and the Growth of Knowledge* (1970); Gary Gutting (ed.), *Paradigms and Revolutions* (1980); Ian Hacking (ed.), *Scientific Revolutions* (1981).

[32] 此略示圖取自 A. F. Chalmers, *What is this thing called Science?* p. 90.

一門學科在尚未成形之前，往往學派林立，眾說紛紜，沒有大家共同接受的基本看法。這是前科學 (pre-science) 期的現象。一門學科若永遠停留在這個階段，則沒有成為成熟科學 (matural science) 的機會。有些學科會慢慢脫離這個階段，研究者會逐漸形成一些共識。他們會發展出一套大家共同接受的基本觀點與研究方法。在某一特定時期，參與某一學科研究工作的科學社群 (scientific community) 所共同接受的基本觀點與研究方法，稱之為「典範」(paradigm)。在某一典範獨佔優勢的情況下，科學社群的成員通常不會為基本觀點或研究方法爭論不休，他們會在典範的局限之內做專精的研究。在某一典範局限之下所發展出來的科學叫做「常態科學」(normal science)㉝。常態科學家一方面遵循典範中的觀點與方法，另一方面也由於他們的專精研究，使得典範中原本有些模糊的觀點與方法更為明確。在常態科學時期，科學家的主要活動是遵照典範的規定來解決難題 (puzzles)。有些難題是經過許多科學家的長久努力而仍無法解決的，這種難題叫做該典範中的「異例」(anomaly)。在常態科學時期，科學社群不會因異例的出現而放棄大家所接受的典範。他們認為問題不在於典範，而在於科學家的能力不足或努力不夠㉞。

異例的出現通常不會對典範構成威脅。只有在某些特別情況下，異例才會造成危機。例如：一個異例若很明顯的會令人對典範中的基本觀點或假設發生疑問，則這種異例會造成典範的危機。此外，如果異例愈來愈多，且經過長期努力也看不出有解決的跡象，則也可能使科學社群的成員對典範的信心產生動搖。他們會

㉝ 請閱 Kuhn, *The Structure of Scientific Revolutions*, Ch. 2, pp. 10–22.

㉞ 請閱 Kuhn 前引書，Chs. 3–4, pp. 23–42.

開始對典範做或大或小的修改，甚至提出與當時的典範完全不同的觀點。此時不同意見的科學家之間會對許多基本觀點做哲學性的爭論。當新的觀點逐漸形成一個新的典範，而與原有的典範針鋒相對時，那麼科學就由危機時期開始步入革命時期。等到新典範完全取代了舊典範，科學革命就完成了，新的常態科學也就形成了[35]。

以上略述孔恩對科學發展或變遷歷程的主張。下面將對孔恩學說中的幾個重要觀點，做較詳細的敘述。

(i)典範與常態科學

常態科學的重要特徵就是有一個典範統領一切。孔恩對「典範」一詞未給予明確的定義，但大致包含下面幾個項目。(a)明確寫出的定律或理論，例如：牛頓物理學典範中的萬有引力定律及三大運動定律；古典電磁學典範中的馬克士威爾方程式 (Maxwell equations)。(b)適用基本定律的標準方法，例如：牛頓力學定律可適用於星球運行、擺動、球碰衝等情況。牛頓物理學典範包含適用基本定律的方法在內。(c)工具與使用工具的規則也包含在典範之內，例如：在牛頓物理學典範中允許使用望遠鏡。(d)指導研究工作的形上學規則，例如：在牛頓物理學典範中的基本假設認為整個物理世界是一個機械系統，可由各種力的作用來加以說明；又如：十七世紀大部分物理科學家都接受笛卡爾的宇宙觀，相信宇宙是由極微小的顆粒所組成，而所有的自然現象都可以用這些微粒的形狀、大小、運動及互動來說明。(e)方法論的規則，例如：上述的笛卡爾宇宙觀既是形上學規則，也是方法論的規則。因為

[35] 請閱 Kuhn 前引書，Chs. 7–8, pp. 66–91.

它告訴科學家基本定律必須能描述粒子的運動及互動，而其他定律必須能夠化約到這些基本定律；換言之，任何自然現象都必須能夠用科學說明化約為粒子活動[36]。

除了上述五個項目之外，「典範」一詞有時也用來指稱範例(exemplar)。成功的科學研究的範例是該領域的研究人員最好的模仿對象。他們可以從範例中體會到基本的觀點，學會研究的方法。初學者通常由範例入手，透過範例來瞭解一個典範的上述各項目。一個典範的最基本的部分往往不易用明確的規則來敘述。學者必須模仿成功的範例，透過實際的操作，才有可能領會到典範的基本精神以及不成文的行規[37]。

在常態科學時期，科學家通常不會懷疑典範的基本觀點及規則，而是在典範之內從事研究工作，致力於解決典範中的問題。例如：在牛頓物理學典範中，測定星球的位置與大小，是一項重要的工作。因為星球運行的軌道會受引力的影響，而引力的大小是由星球的質量及其互相間的距離來決定的。又如：許多星球間互相吸引時，如何用牛頓的引力定律來計算其運行軌道？引力常數如何測定？等等都是牛頓物理學典範中必須解決的問題。此外，設法把牛頓的運動定律適用於流體運動 (motion of fluids)，則為擴展典範的工作[38]。

任何典範都會有違背其理論或定律的事象，孔恩稱之為「異例」(anomaly)。如何在典範之內解決異例，也是常態科學家的重

---

[36] 關於典範的主要項目，請閱 Kuhn 前引書，Ch. 4 及 Postscript–1969, pp. 40–42, 181–187.

[37] 關於範例，請閱 Kuhn 前引書，pp. 42–51, 187–191.

[38] 關於常態科學的工作內容，請閱 Kuhn 前引書，Ch. 3, pp. 23–34.

要工作。現在舉發現海王星 (Neptune) 的例子來說明常態科學家如何處理異例。1781 年德國天文學家威廉・赫塞爾 (William Herschel, 1738–1822) 發現了天王星 (Uranus) 之後，並未繪製天王星的運行圖表。直到法國天文學家兼數學家皮爾・拉布拉斯 (Pierre Laplace, 1749–1827) 在《天文力學》(*Mécanique Céleste*，共五冊，第一冊出版於 1799 年，第五冊出版於 1825 年）一書中算出天王星、木星 (Jupiter) 及土星 (Saturn) 互相之間的引力之後，亞力克斯・布巴 (Alexis Bouvard, 1767–1843) 才於 1820–1821 年間依據此計算結果繪製這三個行星的運行圖表。木星與土星的實際運行與圖表所預測的完全吻合，但天王星的運行路線卻在幾年之後被發現並未完全按照圖表所預測的軌道運行。它有時會偏離圖表所預測的軌道。由於該圖表是依據牛頓的引力定律來繪製的，因此，這種偏離現象是牛頓物理學典範的異例。當時的科學界正是牛頓的典範當道的時期，況且用牛頓定律預測其他星球軌道並未發現差錯。因此，常態科學家不會懷疑牛頓的典範，不會去修改或放棄牛頓的定律。他們要設法在牛頓的典範中來解決這個異例。於是，有不少天文學家猜測在天王星的軌道外圍有一個尚未發現的行星。當該行星與天王星靠近時會產生引力。這種引力使得天王星偏離圖表所預測的軌道。因為拉布拉斯計算引力時以及布巴繪製圖表時均未考慮到（事實上也無法考慮）尚未發現的行星的引力。這個猜測一直到 1846 年 9 月 23 日才得到證實。英國數學家約翰・亞丹斯 (John Couch Adams, 1819–1892) 與法國天文學家拉佛瑞 (Urbain Jean Joseph Le Verrier, 1811–1877) 分別算出了這個假設中行星的運行軌道，並預測它某日的正確位置。柏林天文臺依據拉佛瑞的預測，果然發現了一顆新的行星。這顆新發現的行星後來取名為「海王星」[39]。

海王星的發現不但解決了天王星運行軌道偏離的現象，同時也顯示了牛頓定律的預測能力。這些定律居然能夠預測未知行星的存在，而且能正確地算出該行星的位置。換言之，不但解決了牛頓典範的異例，同時也再一次驗證了典範的可靠性。然而，並非每一個異例都能在典範內加以解決。水星 (Mercury) 運行軌道的偏離即無法在牛頓典範中得到解決。拉佛瑞也曾經設想另一顆未知的行星，由於它的引力作用，使得水星的運行軌道偏離。他算出這顆行星的運行軌道，並為它取名為 “Vulcan”。但這顆行星迄未發現，科學家已認定沒有這顆行星。水星運行軌道偏離的現象，一直到愛因斯坦的廣義相對論出現，才得到解決。在相對論出現之前，該偏離現象是牛頓典範中待解決的異例。常態科學家通常不會因少數異例未得解決就企圖修改或放棄典範。容忍異例乃是常態科學的一項特色[40]。

(ii)理論的競爭與不可共量

按照孔恩的說法，在科學危機時期，原有的典範發生動搖，科學家會提出各種各樣的不同理論，企圖取代舊典範。這些新舊理論互相競爭的結果，會有一個理論取得優勢，其他理論逐漸消失，因而形成新的常態科學。這裏要特別指出的是：在各理論互相競爭的過程中，決定勝負的因素不完全是科學的或邏輯的理由，而政治、社會、宗教等因素也往往扮演重要的角色。照孔恩的說

[39] 關於發現海王星的曲折過程，請閱 Norton Grosser, *The Discovery of Neptune*.

[40] 關於常態科學家對異例的容忍，請閱 Kuhn 前引書，pp. 77–82.

法，當年反對哥白尼天文學說的人，大多由於宗教的理由，不願意放棄地球為宇宙中心的觀點。而哥白尼天文學說終於取代了托勒密的天文體系 (Ptolemaic system)，也不完全由於前者較後者簡單，或得到較多觀察資料的支持，社會的需求也是重要的因素。原來托勒密體系對歲差 (precession of the equinoxes) 的預測一向不太準確，而且越來越不準確。當時社會上對曆法改革的殷切要求，使得托勒密體系的這個缺陷顯得極為嚴重，而構成典範的危機㊶。可見，哥白尼學說之所以在競爭中取勝，除了邏輯及科學的理由之外，尚有社會的因素。

孔恩不但認為邏輯和科學以外的其他因素會影響理論競爭的勝負，他還進一步主張：不同典範的優劣，無法純由邏輯或科學的觀點來加以比較。這就涉及孔恩科學哲學中的另一個重要概念——不可共量 (incommensurability)㊷。兩個不同的典範之間，不但最基本的觀點、假設、及方法論互不相同，就連所要解決的問題也不相同。例如：從亞里士多德或笛卡爾的觀點看來，物體之間為什麼會有引力，必須加以說明；而在牛頓物理學典範中，這是不必回答的問題。又如：牛頓的光學典範主張光是粒子，當時的物理學家就想要測定光粒子打擊在固體上所產生的壓力，即所謂「光壓」；主張光波動說的人就沒有光壓的問題。不同典範之間所要處理的問題既然不同，則在一個典範中處理某些問題所獲得

㊶ 請閱 Kuhn 前引書，pp. 68–69；及 Kuhn, *The Copernican Revolution*, pp. 268–271.

㊷ 關於不可共量，請閱 Kuhn, *The Structure of Scientific Revolutions*, Chs. 10–12, pp. 111–135, 144–159, Postscript §5, pp. 198–204；及 Kuhn, "Reflections on My Critics", §5, 6, pp. 259–277.

的重要成果，從另一個典範看來，未必有多大價值。因此，不同的典範之間，很難比較它們個別的成就，來判定典範的優劣。在不同典範之間，我們找不到可以共用的測量儀器，來測定各典範的優劣。這是「不可共量」的第一層含意。

不同的典範所使用的概念也不相同。有時它們會使用相同的詞彙，但這些詞彙在不同的典範中扮演不同的角色，因而所表達的概念未必相同。例如：牛頓和愛因斯坦都使用「質量」(mass) 這個語詞，但是在愛因斯坦的相對論中，質量可轉化為能量 (energy)，而在牛頓力學中則不能轉化。可見，同一個語詞在不同的典範中可能表達不同的概念[43]，不同典範之間的溝通未必能夠完全暢達無阻。因此，一個典範比另一個典範優越的地方，便難以在爭辯中得到證明。這是「不可共量」的第二層含意。

一個典範不但包含基本觀點、基本假設及概念，還包含方法論的基本規則。這些方法論規則包括選擇理論的指導原則及判定理論優劣的標準在內。在不同的典範中，判定理論優劣的標準未必相同。從甲典範的標準看來，甲所含的理論優於乙所含的理論；而從乙典範的標準看來，則恰恰相反。我們沒有超越典範之外的中立標準，可用來比較不同典範之間的優劣。這是「不可共量」的第三層含意[44]。

---

[43] 請閱 Kuhn, *The Structure of Scientific Revolutions*, pp. 101–102.

[44] 孔恩在明白提到「不可共量」時，並未詳細討論這第三層含意，而是在討論科學革命的性質與科學的進步時，談到本段所說的內容，但他並未把它當做「不可共量」的含意。請看 Kuhn 前引書，pp. 94, 162–164. 筆者將此當做「不可共量」的含意，乃是採取 A. F. Chalmers 的說法。請看 Chalmers, *What is this thing called Science?* pp. 96–97.

(iii)觀察與典範

人類觀察外在世界會看到什麼樣的東西，不完全是由被觀察的對象和觀察者的眼睛所決定的。觀察者的知識背景、過去經驗、以及心中的預期等等，都是決定的因素。心理學家用卜克牌所做的實驗，是很好的例證。正常的卜克牌有四種花樣：黑桃 (Spades)、紅心 (Hearts)、紅磚 (Diamonds)、黑梅花 (Clubs)。心理測驗所用的異常牌，除了上述四種花樣之外，還增加了紅桃。接受測驗的人並不知道他們所看的是一副異常牌，一開始都把紅桃看成黑桃或紅心。後來逐漸發現異狀，並認出牌中有紅桃。發現有異常牌之後，受測者就不會再把紅桃誤認為黑桃或紅心了。其實，紅桃卜克牌始終沒有變，它映在受測者網膜的影像也沒有變。然而，受測者起先看成黑桃或紅心，後來才看成紅桃。這是因為受測者受到過去經驗的影響，心理上沒有預期會出現紅桃。等到已知有異常牌之後，心理上有了準備，故能很快認出紅桃，而不受過去經驗的誤導。

科學史上也有許多類似的例證。按照亞里士多德的學說，月球以上的整個天空是永恆不變的。在哥白尼提出新的天文學說之前，西方的天文學家因相信亞里士多德的學說，居然沒有注意到天象的變化。一直到哥白尼學說出現之後，才有人開始注意、記載，並討論天體的變化。中國人的宇宙觀並未排除天象變化的可能，因此他們很早就記載許多新恆星出現於天空。可見，觀察者所相信的理論會影響他對現象所做的觀察。從不同的典範來觀察同一個世界，會看到不同的東西。在不同的典範中，會有不同的世界觀，會用不同的觀點去看世界。因此，孔恩認為科學革命是世界觀的改變[45]。

以上敘述孔恩科學哲學中的三個重要觀點。現在我們要討論：對科學客觀性的問題，孔恩的學說與實證派的學說有何不同?

首先，我們要指出孔恩不贊同實證派有關科學客觀性看法的第(1)要點，亦即：我們使用感覺器官對事象所做的觀察，有相當高度的客觀性。

我們在本節討論孔恩科學哲學的第(iii)個重要觀點時已指出：在不同典範中從事研究的科學家，會從不同的觀點來看世界，他們所看到的是不相同的世界。科學家的感官經驗或對事象所做的觀察，會受到典範的影響。孔恩這種觀點與實證派的第(1)要點剛好針鋒相對。

其次，我們要指出孔恩不贊同實證派的第(2)要點，亦即：我們能夠對所觀察到的事象做客觀的純粹描述。

在不同典範中從事研究工作的科學家，既然會看到不相同的事象，而且又會用不同的語言來描述他們所看到的事象，則他們對事象的描述就不會是客觀的純粹描述[46]。

最後，我們要指出孔恩也不會贊同實證派的第(3)要點，亦即：科學理論與觀察語句之間必須具有邏輯關係。

孔恩雖然不認為科學家可能對他們所觀察到的事象做客觀的描述，但他仍然不否認科學家能夠使用他們的典範中的語言，把他們在典範的影響下所觀察到的事象描述出來。這樣的描述可稱

---

[45] 請閱 Kuhn 前引書，Ch. 10, pp. 111–135.

[46] 孔恩曾明白表示對所謂「中立的觀察語言」(neutral observation language) 是否可能，極為懷疑。請看 “Logic of Discovery or Psychology of Research”, p. 2.

之為「觀察報告」(observation-report)。現在，我們的問題是：科學理論與觀察報告之間是否必須具有邏輯關係?

我們在本節討論孔恩科學哲學的第(i)個重要觀點時曾指出：一個典範的最基本的部分往往不易用明確的規則來敘述。學者必須模仿成功的範例，透過實際的操作，才有可能領會到典範的基本精神及不成文的行規。可見，要徹底瞭解典範中的概念及定律，並將其正確的適用於具體的事象，也必透過範例來學習。只憑邏輯，不足以由抽象理論導出具體的觀察報告。

從以上的討論，可以看出孔恩完全不同意實證派對科學客觀性所做的說明。很明顯的，本文第三節所指出的實證派科學哲學的三項特色，也是孔恩所不滿意而要竭力避免的。現略述如下。

實證派最重視的邏輯分析工作，在孔恩的科學哲學中根本沒有一席之地；而實證派所忽視的科學史及科學實況卻是孔恩學說的主要依據。從實證派的立場來看，孔恩的許多著作，無非是使用大量科學史及科學實況的資料，來顯示：在探討科學哲學的問題時，邏輯很難派上用場。有許多問題，從實證派或常識的觀點來看，似乎是邏輯問題；但孔恩在討論這些問題時，也全未涉及邏輯。例如：在決定一個科學理論是否已被反例所推翻而應予放棄時，從實證派或常識的觀點來看，科學家所要考慮的是：由理論所推出的結論是否與觀察或實驗所得相衝突?如果確實相衝突，有沒有辦法修改其他輔助前提，使結論不致與觀察或實驗所得相衝突，而不要放棄或修改科學理論? 這些都是道道地地的邏輯問題。但孔恩並未對這些問題做邏輯分析。相反的，他依據科學史及科學實況指出：科學家是否會放棄一個科學理論，不是靠邏輯來決定的。常態科學對異例有很高的容忍力[47]。只有在科學發生危機時，科學家才會考慮放棄典範；而科學危機是否發生則非邏輯所能決定㊽。又例如：從實證派的觀點看來，幾個互相競爭的理論，如何比較優劣，並加以抉擇，也是必須用邏輯來分析的問題。他們努力發展驗證理論 (confirmation theory) 或歸納邏輯 (inductive logic)，就是想要找出一套客觀的標準來幫助我們解決這個問題㊾。但孔恩認為：在各理論互相競爭的過程中，決定勝負的因素不全是邏輯的理由，而政治、社會、宗教等因素也往往扮演重要的角色；而且不同典範之間是不可共量的，無法純由邏輯的觀點來比較其優劣㊿。

孔恩重視科學史與科學實況而忽視邏輯分析工作，與實證派的科學哲學的特色恰恰相反，已如上所述。至於實證派所排斥的形上學，孔恩則認為是典範的重要項目之一，具有指導研究工作的功能，有時還會成為方法論的規則，不可隨意加以排除[51]。

總結本節所述，孔恩的科學哲學，不論基本主張或特色，都與實證派針鋒相對。

五、波柏的否證論與實證派的科學客觀論

波柏的科學哲學的兩個重要學說是反歸納法 (anti-inductivism) 及否證論 (falsificationism)，而這兩個學說又密

㊼ 請看本節所述孔恩學說的重要觀點(i)。

㊽ 請看本節開頭對孔恩科學發展歷程所做的簡述。

㊾ 請看本文第二節最後兩段有關驗證理論的簡述。

㊿ 請看本節所述孔恩學說的重要觀點(ii)。

[51] 請看本節所述孔恩學說的重要觀點(i)中典範的項目(d)和(e)。

切相關。茲略述如下[52]。

早期的所謂「歸納法」是指由個別事象導出普遍定律的推理過程，而所謂「歸納邏輯」(inductive logic) 則指由個別事件導出普遍定律的推理規則。其實，由個別事象到普遍定律並不是一種推理過程。當我們面對一些個別事象而想要尋求普遍定律來加以涵蓋時，我們必須要有相當敏銳的透視力以及豐富的想像力。有敏銳的透視力才能看出那些個別事象的相似之處；有豐富的想像力才能設想出普遍定律所要用到的抽象概念。可見尋求普遍定律不是呆板的推理過程，當然也沒有固定的推理規則可以遵循。因此，波柏認為沒有這種早期的所謂「歸納法」。

當今一般邏輯家所謂的「歸納法」是指用個別事象來支持 (support) 或驗證 (confirm) 普遍定律。當我們提出普遍定律之後，必須檢驗其是否可靠。如果有許多個別事象與普遍定律相符，則普遍定律的可靠性增強。在此情形下，我們說那些事象支持或驗證了普遍定律。當今邏輯家所謂的「歸納邏輯」乃是指估計驗證程度的方法，因此又稱為「驗證理論」(confirmation theory)。然而波柏也不承認有這種意義的歸納法。他認為一個普遍定律只有可能被否證 (falsified)，不可能被驗證。我們如果找到個別事象與普遍定律不符，則足以斷定該定律不能成立。相反的，不管我們找到多少個別事象與普遍定律相符，都不足以斷定該定律能夠成立，因為以後永遠有可能找到不相符的個別事象。波柏甚至認為：相符的個別事象愈多，不足以斷定普遍定律的可靠性（亦即成立的可能性）愈高。他的理由大概是這樣：不管我們已找到的相符的

---

[52] 波柏有關歸納法及否證論的討論，請閱 Popper, *The Logic of Scientific Discovery*, Chs. 1–4, pp. 27–48, 78–92.

個別事象是一千個還是一億個，只要有一個不符的反例就足以推翻普遍定律。既然如此，則何以見得一億個個別事象對普遍定律的支持力或驗證程度高於一千個個別事象?

波柏認為：科學家提出一項假設之後，無法用個別事象來驗證，只能等待不相符的個別事象（亦即反例）來加以否證。科學理論或假設遭到否證，固然必須放棄或修改；若經過多次試驗(test)而未遭否證，並不足以判定它能夠成立，只是尚未證明其不成立，因此還不須放棄而已[53]。

一個科學理論或假設提出之後，必須不斷加以試驗。其試驗步驟如下：(i)以待試驗的理論或假設 T 為前提，配合一些已知為真的先行條件 (initial conditions)[54] C_1、C_2、…、C_n 及其他已通過足夠的試驗而足以令人接受的輔助前提 P_1、P_2、…、P_m，用演繹法導出敘述個別事象的語句 S。所謂「先行條件」是指 S 所敘述的事象尚未發生之前即已具備之條件或與之同時具備之條件。P_1、P_2、…、P_m 則為要導出 S 所需用到的其他前提（包括其他科學定律在內）。(ii)查看 S 所敘述的事象是否與實驗或觀察所得相符。(iii)若相符，則 T 通過了一次試驗。(iv)若不相符，則 T 遭到否證[55]。

上面所說的 S 是敘述個別事象的語句，很像實證派的所謂

---

[53] 有關波柏反對驗證理論的理由，請參閱 Popper 前引書，Appendix vii, pp. 363–377; W. H. Newton-Smith, *The Rationality of Science*, Ch. 3, §3, pp. 49–52；以及 Mary Hesse, *The Structure of Scientific Inference*, Ch. 8.

[54] 波柏的 “initial condition” 和韓佩爾的 “antecedent condition” 意義相同，中文均譯成「先行條件」。

[55] 有關試驗過程，請參閱 Popper 前引書，pp. 32–33, 82–86.

「觀察語句」。其實，波柏根本不承認有這種觀察語句。他認為任何人若把觀察到的某一事象用語句加以描述，則語句所描述的內容一定超出觀察者實際觀察到的內容[56]。舉例言之，設想一個人看到一杯白開水，伸手去摸，覺得它是冷的。於是他就寫出一個語句來描述他的觀察所得：「這杯白開水是冷的」。這句話果真客觀描述其觀察所得，而未加入任何主觀成分嗎？答案是否定的。這個人並不知道杯中裝的是開水。他不能只看一眼就斷定那是水。要確定一杯液體是 H_2O，必須經過一套化驗手續，因而必須涉及一些相關定律。要確定一杯水煮沸過，也不容易。可見，這句話的內容遠超過他所觀察到的內容。至於說它是冷的，更須假定他的手不是剛從火爐邊伸回來的，因而冷的感覺不是錯覺。若改用溫度計來量這杯水的溫度，而不依靠手的感覺，則又必須涉及有關汞熱脹冷縮的定律。有人也許會辯解說：如果「冷」字不是指客觀溫度的高低，而是指個人的感覺，則不管是否錯覺，「冷」字正確的描述了這種感覺，並未超過實際的感覺內容。我們可不可能寫出這類「現象語言」，哲學界爭論已久。即使可能，那也是純粹描述私人感覺的語句；描寫是否正確，無法訴諸大眾的公評。這樣的描述在科學上是毫無用處的。波柏主張：科學中的語句必須能夠由大眾來判定真假或決定是否接受；簡言之，必須是公眾的 (public) 或客觀的 (objective)[57]。

描述事象的語句內容既然會超出觀察所得的內容，則我們如何憑觀察所得來判斷語句的真假？波柏承認觀察與語句之間沒有必然的關聯，尤其沒有邏輯關係。因為邏輯關係只出現於語句與

[56] 請閱 Popper 前引書，pp. 94–95.

[57] 參閱 Popper 前引書，p. 46 及 p. 111, footnote 4.

語句之間，不可能出現於觀察與語句之間。波柏認為觀察與語句之間的關係是由大家約定或決定而產生的。假如觀察某一事象的人，一致認定某一語句是對該事象的正確描述，或一致加以否認，而無爭議，我們就稱該語句為「基本述句」(basic statement)，並把它當做試驗理論或假設的基礎。反之，假若那些觀察者對該語句所做的描述無法達成一致的意見，則該語句本身必須成為試驗的對象。其試驗的過程與理論的試驗過程相同。試驗所導出的結論必須較受試驗的語句更易取得大家一致的意見。這樣的試驗可以繼續做下去，直到結論出現基本述句為止[58]。

波柏不但主張科學理論只能被否證而不能被驗證，他還進一步主張：一個科學理論必須是有可能被否證的。在此我們必須把「已否證」(falsified) 與「可否證」(falsifiable) 這兩個概念分清楚。一個科學理論，雖然尚未遭受個別事象的否證，但我們若能設想其遭受否證的情況，換言之，我們若能想像其可能的反例，則該科學理論是可否證的。反之，一個理論，我們若無法設想其遭受否證的情況，任何可能想像的個別事象都不會和它衝突，則這個理論就不是科學理論。波柏用「可否證性」(falsifiability) 之有無來區分科學與非科學，科學理論是可否證的，非科學理論是無法否證的。這項區分科學與非科學的判準很像實證派的意義判準。但是，波柏一再強調他只對科學與非科學的區別感到興趣，而對意義問題毫無興趣[59]。

此外，波柏雖然承認形上學是無法否證的，因而並非科學理論，但他不認為形上學無意義或有害。他認為形上學原理

---

[58] 請閱 Popper 前引書，pp. 46–48, 104–105.

[59] 關於可否證性，請閱 Popper 前引書，pp. 40–42, 84–87.

(metaphysical principle) 往往會轉換成方法論規則 (methodological rule)。舉例言之,「一切事件皆有原因」(Every event has cause) 為無法否證之形上學原理,因為我們無法想像任何可能的反例來否證它。任何真實或想像的事件,我們都可堅持其必有原因。只是有些原因容易找出,有些不易找出;有些已經找出,有些尚未找出,甚至永遠無法找出。這種看起來非常空洞的形上學原理,卻可以轉化成為方法論規則:「對任何事件,科學家都要竭力設法提出切當的科學說明」。有了切當的科學說明,就等於已說明了事件何以會發生的原因。這樣的說明又稱為「原因說明」(causal explanation)[60]。

波柏不但主張科學理論必須有可能被否證,他又進一步主張:在尚未被否證的情況下,被否證的可能性越高的理論就是越好的科學理論。一個科學理論必須是可否證的,換言之,它必須在某些可能設想的情況下被否證。理論的內容是由這些可能情況來顯現的。這些情況若有一為真,則該理論即不成立。因此,當我們接受該理論,認定其成立時,我們的意思是說:那些情況只是設想中的可能情況而已,並非真實的情況。簡言之,一個理論所表達的內容是:能夠否定該理論的可能情況並非真實情況。由此可見,無法否證的理論是沒有內容的理論,被否證的可能性越高的理論是內容越豐富的理論,已被否證的理論是已知含有錯誤內容的理論。按照波柏的主張,除了已知錯誤的內容之外,科學理論的內容越豐富越好。科學家要大膽的提出內容豐富而容易被否證的理論,然後要不斷的試驗;只要遭受否證,就必須放棄,另提

---

[60] 有關形上學原理與方法論規則,請閱 Popper 前引書,pp. 60–62, 79–80.

新理論；若通過試驗，則繼續使用該理論，並繼續加以試驗。他認為科學是一種冒險事業 (adventure enterprise)，科學家從錯誤中學習 (learn from mistakes)。這樣不一定會求得真理，但會逐漸接近真理[61]。

以上簡略論述波柏科學哲學的幾個要點。下面將比較他的學說與實證派及孔恩有何異同。

波柏和孔恩一樣，不相信觀察及觀察語句具有高度的客觀性。孔恩主要針對觀察的客觀性提出反駁，認為觀察會受典範的影響。波柏則著眼於觀察語句的客觀性，認為不可能有純粹描述觀察的語句。上面論述基本述句時，已有詳細說明，不再贅述。

對於科學理論與觀察語句之間的邏輯關聯，波柏除了以基本述句取代觀察語句之外，幾乎完全贊同實證派的觀點。這只要看上述理論的試驗步驟以及可否證性的判準，即可明瞭。

至於形上學，波柏並未像實證派那樣加以排斥；但也未像孔恩那樣，認為是典範中的重要項目。然而，波柏認為形上學原則可能轉變成方法論規則，卻與孔恩的看法相同。

波柏非常注意邏輯分析工作，而且一再強調其重要性[62]；這方面與實證派非常接近。本文第二節結尾曾指出：實證派的科學哲學家企圖要尋求邏輯的客觀標準，來判定驗證程度的高低。波柏雖然不承認所謂「驗證理論」，因而無所謂「驗證程度的高低」；但他認為不同理論之間，被否證的可能性之高低 (degrees of

---

[61] 關於被否證可能性的高低與內容的多寡，請閱 Popper 前引書，pp. 86, 112–113. 有關從錯誤中學習以接近真理，請閱 Popper, *Conjectures and Refutations*, p. 231.

[62] 請看 Popper, *The Logic of Scientific Discovery*, pp. 71, 84–86.

falsifiability）卻是可以互相比較的，而且他也企圖尋求邏輯的客觀標準，來判定被否證的可能性之高低[63]。他在尋求這種客觀標準時所顯示的對邏輯分析之熱衷，絕不亞於實證派的哲學家。

另一方面，波柏指責實證派太過強調邏輯分析。按照他的看法，只分析理論的邏輯結構，無法充分掌握理論的變遷與發展。從純邏輯的觀點來看，沒有任何理論會斷然的被事實所否證。由一個單獨的理論 T，我們無法導出敘述個別事象的語句 S。T 必須配合一些先行條件 C_1、C_2、…、C_n 及其他輔助前提 P_1、P_2、…、P_m，方能導出 S。因此，當我們發現 S 所敘述的事象與實際情況不符時，我們未必要認定 T 為假。我們可以堅持 T 為真，而把導出假語句 S 的罪過歸咎於 C_1、C_2、…、C_n 或 P_1、P_2、…、P_m 中的任何一個。換言之，在邏輯上，我們有充分的自由可以選擇 T、C_1、C_2、…、C_n、P_1、P_2、…、P_m 中的任意一個，加以否證；從純邏輯的觀點，沒有任何理由非否證 T 不可。但是，科學家如果為了保護其所深信的理論 T，而一再將導出假語句 S 的罪過歸咎於先行條件或輔助前提，則 T 豈不成為永遠無法否證的理論？可見，一個理論會變成可能否證的科學理論，還是會變成無法否證的非科學理論，有時要取決於科學家的態度，而不能完全依賴該理論的邏輯結構來決定。波柏認為只分析理論的邏輯結構，無法充分掌握理論的變遷與發展，其理由在此[64]。

此外，波柏對預測之重視，也足以顯示他不像實證派那樣只從邏輯觀點分析科學。實證派的科學哲學家韓佩爾強調科學說明與科學預測具有相同的邏輯結構，兩者的基本模式並無根本差異。

---

[63] 請看 Popper 前引書，Ch. 5, pp. 112–135.

[64] 請看 Popper 前引書，pp. 49–50.

所不同的是：科學說明是在事象已經發生之後，再去尋求普遍定律及先行條件，並由之導出待說明事象會發生的結論；反之，科學預測則在事象尚未發生之前，即根據普遍定律及先行條件，推斷其必定發生。韓佩爾認為此項差異不足以影響其邏輯結構之相同。這個問題在科學哲學上曾引起不少爭論。韓佩爾總是很有耐心的答覆各方面的反對意見[65]。然而，波柏對此爭論毫無興趣。在他看來，兩者的邏輯結構是否相同，並不重要；兩者在邏輯結構以外的差異才是值得注意的。他強調一個科學假設提出之後，必須不斷接受試驗。所謂「接受試驗」就是：根據假設來預測事象，然後看所預測的事象是否與實況相符。一個假設若從未接受任何試驗，換言之，從未用來預測任何事象，則即使能夠說明眾多已發生的事象，在波柏看來，這樣的假設是難以接受的。然而，從實證派的觀點看來，假設所說明的事象和假設所預測的事象，在邏輯上具有同等地位，都是支持或驗證假設的證據。其支持強度或驗證強度，不會因其在提出假設之前既已知道，或在使用假設之後方才測知，而有所不同[66]。

---

[65] 韓佩爾的主張，請看 Hempel, "Studies in the Logic of Explanation", p. 249; Hempel, "Aspects of Scientific Explanation", pp. 364–367, 405–407. 韓佩爾對反對者的答覆，請看 "Aspects of Scientific Explanation", pp. 367–376, 407–410.

[66] 請看 Popper 前引書，pp. 33, 265–273；並請參閱 I. Lakatos, "Falsification and the Methodology of Scientific Research Programmes", pp. 123–124.

六、結　論

本文只就實證派的三個要點來討論科學的客觀性，並就這些要點及其所引申出來的一些特色，來比較孔恩和波柏與實證派之異同，以顯出波柏承先啟後的地位。我們並不否認孔恩和波柏有可能依照他們自己的學說發展出科學客觀性的理論。我們只是指出他們反對實證派對科學客觀性的解說，並未斷言他們反對科學的客觀性。

參考書目

Ayer, Alfred Jules. *Language, Truth and Logic*. New York: Dover, 1952.

Barker, Stephen. *The Elements of Logic* (3rd ed). New York: McGraw-Hill, Inc., 1980.

Baum, Robert. *Logic* (2nd ed). New York: Holt, Rinehart and Winston, 1981.

Brown, Harold I. *Perception, Theory, and Commitment*. Chicago: Precedent Publishing, Inc., 1977.

Carnap, Rudolf. *Der logische Aufbau der Welt*. Berlin-Schlachtensee: Weltkreis-Verlag, 1928. 英譯本：*The Logical Structure of the World* (translated by Rolf A. George). Berkeley and Los Angeles: University of California Press, 1967.

Carnap, Rudolf. “Philosophy and Logical Syntax”. London: Kegan Paul, Trench, Trubner & Co., 1935；現收入 William P. Alston and George Nakhnikian (eds.), *Readings in Twentieth-Century Philosophy*. New York: The Free Press of Glencoe (1963), pp. 424–460.

Carnap, Rudolf. “Testability and Meaning”. *Philosophy of Science*, Vol. 3 (1936), pp. 419–471; Vol. 4 (1937), pp. 1–40.

Carnap, Rudolf. “On Inductive Logic”. *Philosophy of Science*, Vol. 12 (1945), pp. 72–97.

Carnap, Rudolf. “Two Concepts of Probability”. *Philosophy and Phenomenological Research*, Vol. 5 (1945), pp. 513–532.

Carnap, Rudolf. “On the Application of Inductive Logic”. *Philosophy and Phenomenological Research*, Vol. 8 (1947), pp. 133–148.

Carnap, Rudolf. “Truth and Confirmation”. In *Readings in Philosophical Analysis* (ed. by Herbert Feigl and Wilfred Sellars). New York: Appleton-Century-Crofts (1949), pp. 119–127.

Carnap, Rudolf. *Logical Foundations of Probability*. Chicago: University of Chicago Press, 1950.

Carnap, Rudolf. *The Continuum of Inductive Methods*. Chicago: University of Chicago Press, 1952.

Carnap, Rudolf. “The Methodological Character of Theoretical Concepts”. In *The Foundations of Science and the Concepts of Psychology and Psychoanalysis: Minnesota Studies in the Philosophy of Science*, Vol. 1 (ed. by Herbert Feigl and Michael Scriven). Minneapolis: University of Minnesota Press (1956), pp. 38–76.

Carnap, Rudolf. “The Aim of Inductive Logic”. In *Logic, Methodology and Philosophy of Science: Proceedings of the 1960 International Congress* (ed. by Ernest Nagel, Patrick Suppes, Alfred Tarski). Stanford: Stanford University Press (1962), pp. 303–318.

Carnap, Rudolf. “Inductive Logic and Rational Decisions”. In *Studies in Probability and Inductive Logic*, Vol. I (ed. by Rudolf Carnap and Richard Jeffrey). Berkeley and Los Angeles: University of California Press (1971), pp. 5–31.

Carnap, Rudolf. “The Basic System of Inductive Logic, Part I”. In *Studies in Inductive Logic and Probability*, Vol. I (ed. by Rudolf Carnap and Richard Jeffrey). Berkeley and Los Angeles: University of California Press (1971), pp. 33–165.

Carnap, Rudolf. "The Basic System of Inductive Logic, Part II". In *Studies in Inductive Logic and Probability*, Vol. II (ed. by Richard Jeffrey). Berkeley and Los Angeles: University of California Press, 1980.

Carnap, Rudolf and Richard Jeffrey (eds.). *Studies in Inductive Logic and Probability*, Vol. I. Berkeley and Los Angeles: University of California Press, 1971.

Chalmers, A. F. *What is this thing called Science?* Milton Keynes: Open University Press, 1st ed., 1978; 2nd ed., 1982.

Cohen, I. Bernard. "History and the Philosopher of Science". In *The Structure of Scientific Theories* (ed. by Frederick Suppe). Urbana: University of Illinois Press, 1st ed., 1974; 2nd ed., 1977, pp. 308–373.

Dilworth, Craig. *Scientific Progress*. Dordrecht: D. Reidel Publishing Co., 1981.

Goodman, Nelson. *Fact, Fiction, and Forecast*. 1st ed. Cambridge: Harvard University Press, 1955; 2nd ed. New York: The Bobbs-Merrill Co., 1965; 3rd ed. Bobbs-Merrill, 1975.

Grosser, Norton. *The Discovery of Neptune*. New York: Dover, 1979.

Gutting, Gary (ed.). *Paradigms and Revolutions: Applications and Appraisals of Thomas Kuhn's Philosophy of Science*. Notre Dame: University of Notre Dame Press, 1980.

Hacking, Ian (ed.). *Scientific Revolutions*. Oxford: Oxford University Press, 1981.

Hacking, Ian. *Representing and Intervening: Introductory Topics in the Philosophy of Natural Science*. Cambridge: Cambridge University Press, 1983.

Hempel, Carl G. "The Function of General Laws in History". *The Journal of Philosophy*, Vol. 39 (1942), pp. 35–48; reprinted, with slight modification, in Hempel's *Aspects of Scientific Explanation and Other Essays in the Philosophy of Science*. New York: Free Press (1965), pp. 231–243.

Hempel, Carl G. "Studies in the Logic of Confirmation". *Mind*, Vol. 54 (1945), pp. 1–26, 97–121; reprinted, with some changes, in Hempel's *Aspects* (1965), pp. 3–51.

Hempel, Carl G. "Studies in the Logic of Explanation". *Philosophy of Science*, Vol. 15 (1948), pp. 135–175; reprinted, with some changes, in Hempel's *Aspects* (1965), pp. 245–295.

Hempel, Carl G. "Empiricist Criteria of Cognitive Significance: Problems and Changes". In Hempel's *Aspects* (1965), pp. 101–122. 此文乃是由兩篇論文增減合併而成的："Problems and Changes in the Empiricist Criterion of Meaning". *Revue Internationale de Philosophie*, No. 11 (1950), pp. 41–63；及 "The Concept of Cognitive Significance: A Reconsideration". *Proceedings of American Academy of Arts and Sciences*, Vol. 80, No. 1 (1951), pp. 61–77.

Hempel, Carl G. "The Logic of Functional Analysis". In *Symposium on Sociological Theory* (ed. by Llewellyn Gross). New York: Harper & Row (1959), pp. 271–307; reprinted, with some changes, in Hempel's *Aspects* (1965), pp. 297–330.

Hempel, Carl G. "Aspects of Scientific Explanation". In Hempel's *Aspects* (1965), pp. 331–496.

Hempel, Carl G. *Aspects of Scientific Explanation and Other Essays in the Philosophy of Science*. New York: Free Press, 1965.

Hempel, Carl G. *Philosophy of Natural Science*. New Jersey: Prentice-Hall, Inc., 1966.

Hesse, Mary. *The Structure of Scientific Inference*. London: Macmillan, 1974.

Jeffrey, Richard (ed.). *Studies in Inductive Logic and Probability*, Vol. II. Berkeley and Los Angeles: University of California Press, 1980.

Kahane, Howard. *Logic and Philosophy* (5th ed). Belmont: Wadsworth, 1986.

Kneller, George F. *Science as a Human Endeavor*. New York: Columbia University Press, 1978.

Kuhn, Thomas S. *The Copernican Revolution: Planetary Astronomy in the Development of Western Thought*. New York: Vintage Books, 1959.

Kuhn, Thomas S. *The Structure of Scientific Revolutions*. Chicago: University of Chicago Press, 1st ed., 1962; 2nd ed. with postscript, 1969.

Kuhn, Thomas S. "Logic of Discovery or Psychology of Research". In *Criticism and the Growth of Knowledge* (ed. by Imre Lakatos and Alan Musgrave). Cambridge: Cambridge University Press (1970), pp. 1–23.

Kuhn, Thomas S. "Reflections on My Critics". In *Criticism and the Growth of Knowledge* (1970), pp. 231–278.

Lakatos, Imre and Alan Musgrave (eds.). *Criticism and the Growth of Knowledge*. Cambridge: Cambridge University Press, 1970.

Lakatos, Ian. "Falsification and the Methodology of Scientific Research Programme". In *Criticism and the Growth of Knowledge* (ed. by Lakatos and Musgrave, 1970), pp. 91–196.

Nagel, Ernest. *The Structure of Science: Problems in the Logic of Scientific Explanation*. New York: Harcourt, Brace & World, Inc., 1961.

Newton-Smith, W. H. *The Rationality of Science*. London: Routledge & Kegan Paul, 1981.

Papineau, David. *Theory and Meaning*. Oxford: Clarendon Press, 1979.

Popper, Karl R. *The Logic of Scientific Discovery*. London: Hutchinson, 1st English ed., 1959; 2nd ed., 1968.

Popper, Karl R. *Conjectures and Refutations: The Growth of Scientific Knowledge*. London: Routledge & Kegan Paul, 1963.

Radnitzky, Gerald. "Popper as a Turning Point in the Philosophy of Science". In *In Pursuit of Truth* (ed. by Paul Levinson). New Jersey: Humanities Press (1982), pp. 64–80.

Scheffler, Israel. *The Anatomy of Inquiry*. New York: Alfred A. Knopf, 1963.

Schilpp, P. A. (ed.). *The Philosophy of Rudolf Carnap*. La Salle, Illinois: Open Court, 1964.

Schlick, Moritz. "The Future of Philosophy". In *The Linguistic Turn* (ed. by Richard Rorty). Chicago: University of Chicago Press, 1967.

Stove, David. *Popper and After.* Oxford: Pergamon Press, 1982.

肆、科際整合的一個面向

——各學科間方法的互相借用

一、前　言

科際整合可以從許多不同的面向來進行。各學科之間可以互相使用其他學科的成果。例如：考古學使用科學儀器鑑定古物年代，歷史學使用心理學或經濟學知識來瞭解或解釋某一歷史事件。不同學科也可以依據其各自的專業知識，對共同關切的問題，做深入探討。例如：興建核能發電廠的問題，可從經濟學、生態學、核子物理學、心理學等各角度加以探討。科際整合也可以從兩門學科重疊的領域著手，例如：物理化學、生化學、政治社會學等。有些人則企圖要把一門學科化約到 (reduce to) 另一門較基本的學科，例如：企圖把心理學化約到生理學，把生物學化約到化學。二十世紀早期的邏輯實證論者甚至相信一切自然及社會科學，最後有可能全部化約到物理學，因而可以完成科學統一 (unity of science) 的壯舉。

本文所要討論的是科際整合的另一個面向：不同學科間互相學習或借用其他學科的方法。有許多研究方法論的學者主張：一切學科的理論結構具有共同的基本模式，因而建構理論的方法，各不同學科之間，基本上並無太大差異。對於這種方法論的統一論調，我們採取存疑、保留的態度。然而，一門學科可以從另一門學科的方法論獲得啟示，做為比較及反省的依據，則似乎無庸置疑。本文的目的是要利用幾個淺顯的例子，從方法論的觀點來討論：人文社會學科可以從自然科學得到什麼啟示？

二、抽象概念的功能

我們所要討論的第一個問題是：抽象概念在自然科學中的功能。在自然科學中，抽象概念的使用是非常普遍的。不含抽象概念的具體定律，往往很容易找到反例而被推翻。使用抽象概念可以補救這一缺陷。我們以阿基米德原理為例加以說明。首先，我們使用比較具體的概念（例如：比重、上浮、下沉等）來敘述阿基米德原理如下：

> 任何物體放入任何液體之中，若物體之重量大於同體積液體之重量，則物體會沉入液體之中；反之，若物體之重量小於同體積液體之重量，則物體會浮出液面；若兩者重量相等，則物體可停留於液體中的任何地方，不沉不浮。

這樣具體的定律很容易找到反例。假定有一塊鐵片放入水中，而靠近水面的上方有一塊強力磁鐵。水中的鐵片雖比同體積的水重，但因磁鐵的吸引，不但不下沉，反而浮出水面。我們還可以想出無數種不合上述定律的反例。因此，嚴格的說，上述定律並不正確。要使它成為正確的定律，我們必須把可能造成反例的無數種情況一一加以排除。然而，這種可能情況很難事先設想周到，隨時都有可能發生原先未預料到的情況。例如：我們若把外力干擾的情況排除掉，而限制上述定律只適用於無外力干擾的情況，也並未完全排除反例的可能。碗口朝上可以浮在水面，碗口朝下卻會沉入水中，而碗底破洞也會沉入水中。這些不合上述定律的反例似乎都不在外力干擾的範圍之內，因而必須另外設定限制條件加以排除。

其次，我們使用比較抽象的浮力 (buoyant force) 概念來敘述阿基米德原理：

> 物體在液體中所受之浮力等於該物體在液體中所排開之液體的重量。

這個比較抽象的定律，無須設定任何限制條件，就可以避免上面所提到的反例。以磁鐵吸引鐵片使其浮在水面的例子來說，它並未違反上述的浮力定律。因為浮力定律不像上述較具體的定律那樣斷言：比重大於水的鐵塊一定會沉入水中。依據浮力定律，鐵塊在水中所受的浮力等於其所排開之水的重量。此浮力加上磁鐵的吸引力若大於或等於鐵塊的重量，則鐵塊未必會下沉。再以碗口朝上、朝下以及碗底破洞為例，這些現象也未違反浮力定律。因為碗口朝上時，碗在水中所排開的水量較多，故所受浮力較大；而碗口朝下或碗底破洞時，因水進入碗內而使其所排開的水量減少，故所受浮力減小。

從上面這個淺顯的例子，我們可以看出在自然科學中，科學家如何使用較抽象的概念來敘述定律，使科學定律不易為常見的反例所推翻。在自然科學中，這類例子非常多。我們若把較具體的伽利略自由落體定律與較抽象的牛頓萬有引力定律做類似的對比，就可以看出「引力」這一抽象概念也具有類似「浮力」概念的功能，可使科學定律避免輕易被推翻的命運。

實證主義 (positivism) 早期的社會科學家，為了和形上學劃清界線，往往刻意避免使用較抽象的概念。但是，我們若仔細審察自然科學的理論，將會發現抽象概念是成熟的理論所不可缺少的部分。科學史上充滿了無數的抽象概念，諸如：燃素 (phlogiston)、熱質（matter of heat 或 caloric）、以太 (ether)、原子 (atom)、磁場 (magnetic field) 等等。社會科學即使要仿效自然科學的實證精神，也不必排斥抽象概念。

三、抽象概念與具體事實之間的關連

我們所要討論的第二個問題是：在自然科學中，抽象概念與具體事實之間的關連。自然科學雖然使用許多極為抽象的概念，但這些概念既然是用來說明或推測具體事實，則它們與具體事實之間必須有某種關連，否則無法發揮它們的功能。

人文及社會學科也往往使用一些相當抽象的概念，例如：潛意識 (unconsciousness)、人格 (personality)、主權 (sovereignty)、理性 (rationality)、價值 (value) 等等。這些抽象概念如何與可觀察的具體事實發生關連，乃是許多人文及社會學科的研究者所關切的問題。自然科學在這方面有相當令人滿意的成就，可供人文及社會學科參考比較。在本節中，我們將討論自然科學中兩種最常見的連繫抽象概念與具體事實的方法。

我們所要討論的第一種方法是一般所謂的「運作定義」(operational definition)。這是非常古老的方法，但是最先強調其重要性，並為它取名叫「運作定義」的人是美國實驗物理學家、1946

年諾貝爾物理獎得主布理滋曼 (Percy William Bridgman, 1882–1962)。他主張物理學的概念都必須能夠用實驗程序來加以定義。例如：所謂「甲物比乙物堅硬」可定義為「用甲物的尖端在乙物表面刻劃，會出現刻痕；反之，乙物的尖端無法在甲物的表面刻出痕跡」。他認為愛因斯坦 (Albert Einstein, 1879–1955) 的狹義相對論是使用運作定義分析「同時」(simultaneity) 這個概念而產生的。布理滋曼的主張曾引起許多爭論，我們不擬討論。我們所要指出的是：自然科學中所使用的運作定義，值得人文及社會學科借鏡，做為連繫抽象概念與具體事實的一種有效方法。

運作定義的一般形式大致如下：

$$T \rightarrow (R \leftrightarrow C)$$

其中 T 是試驗條件 (test condition)，例如：用甲物尖端在乙物表面刻劃、把石蕊試紙放入液體之中；R 是反應 (response)，例如：乙物表面出現刻痕、石蕊試紙變紅；C 是待定義的概念，例如：硬度、酸性。依據運作定義，我們必須完成定義中的試驗 T，然後觀察是否產生定義中的反應 R，據以斷定某物是否具有概念 C 所指的性質。因此，運作定義必須滿足兩項要求：第一、試驗條件必須是可行的 (realizable)，換言之，必須有辦法以目前的技術水準加以完成的；第二、反應必須是可觀察的 (observable)。未滿足這兩項要求，就不能有效的連繫概念與事實。

現在我們要討論第二種連繫抽象概念與具體事實的方法。自然科學中有些抽象概念不易用運作定義來顯示其與具體事實之間的關連。科學家往往把這些抽象概念當做理論系統中的基本概念 (primitive concepts)，反而把較具體的概念當做待定義的概念，並使用抽象的基本概念來加以定義。然後，再使用運作定義來顯示這些較具體的概念與具體事實之間的關連。舉例言之，氣體分子動力論 (kinetic molecular theory of gases) 中所使用的概念，諸如：分子、分子運動速度，在該理論提出的時候，無法加以運作定義。通常一公升氣體約有 2.6889×10^{22} 個分子，每一個氧分子重約 5.3×10^{-23} 公克，氫分子重約 3.34686×10^{-24} 公克，在氣溫 0°C 時一個氧分子每秒移動 461 公尺，氫分子移動 1838 公尺。以當時的儀器及技術，無法完成任何試驗條件來觀察這些反應。然而，當時的科學家並未因為無法加以運作定義，就拋棄這些概念。他們使用該理論來說明波義耳及查理定律 (Boyle-Charles' law)。他們用分子運動速度及分子對容器內壁的撞擊力等抽象概念，來定義氣體的溫度及壓力等較具體的概念。這些較具體的概念，可以使用當時的儀器加以運作定義。

早期的行為主義 (behaviorism) 受運作論 (operationism) 的影響，堅持抽象概念必須要能夠加以運作定義才可使用。目前社會科學界，尤其是強調實證研究的學者，仍然極小心的避免比較抽象的概念。從上面的例子，我們可以看出：自然科學家並未排斥高度抽象的概念，也未要求抽象概念必須能夠加以運作定義；只要抽象概念與具體事實之間有任何直接或間接關連即可。我們似乎沒有理由要求人文及社會學科對抽象概念的使用要比自然科學家更加謹慎。

四、化約的模式

我們所要討論的第三個問題是：在數學中，化約 (reduction) 的模式及要件。我們所要舉的例子是：把算術化約到集合論的模式。1899 年，義大利數學家皮亞諾 (Giuseppe Peano, 1858–1932) 提出下面五個公理：

公理 1.　0 是自然數。

公理 2.　任何自然數都有而且只有一個後繼的自然數。

公理 3.　沒有兩個自然數會共有一個相同的後繼自然數。

公理 4.　0 不是任何自然數的後繼自然數。

公理 5.　設有任一性質 P 滿足下面兩個條件：

(i) 0 具有性質 P；

(ii)若自然數 n 具有性質 P，則 n 的後繼自然數也具有性質 P；

則一切自然數都具有性質 P。

這五個公理就是著名的皮亞諾公理 (Peano's Axioms)。其中有三個基本概念，即：0、自然數、後繼自然數。一切算術概念，諸如：1、2、3、……、加、減、乘、除、負數、有理數、實數、……等等，都可用這三個基本概念來定義。我們若以 "x′" 表示 "x" 的後繼自然數，則 "1"、"2"、"3" 等可定義如下：

$$1 = 0', 2 = 1', 3 = 2', \cdots$$

而加法及減法可分別定義如下：

$$\begin{cases} x + 0 = x \\ x + y' = (x + y)' \end{cases} \qquad x - y = z \leftrightarrow x = y + z$$

更重要的是：一切正確的算術命題，諸如："$2 + 3 = 5$"、"$x + y = y + x$" 等等，均可由皮亞諾公理導出。

英國哲學家羅素 (Bertrand Arthur William Russell, 1872–1970) 和德國邏輯家佛列格 (Gottlob Frege, 1848–1925) 則進

一步把算術化約到集合論。他們用集合論的概念來定義皮亞諾公理中的基本概念，並且由集合論導出皮亞諾的五個公理。目前一般習見的集合論有幾個不同的公理系統。其中一個系統對皮亞諾的基本概念定義如下：

$$0=\phi$$

$$x'=x\cup\{x\}$$

$$\text{自然數}=\cap\{A:0\in A\wedge\forall x\,(x\in A\rightarrow x'\in A)\}$$

而且皮亞諾公理都可由集合論公理導出。

由上面的例子，我們可以看出數學化約的模式。要把某一系統 A 化約到另一系統 B，我們必須使用 B 中的概念來定義 A 中的概念，而且必須從 B 導出 A 的一切公理。很明顯的，要從事這樣的化約工作，必須 A 和 B 兩個系統都發展到相當成熟的階段，才有可能。反觀人文及社會學科往往未到成熟階段，就太過熱中於化約工作。例如：對人類的集體行為及個體行為尚未做充分研究，就開始探討集體行為可否化約到個體行為，換言之，集體行為是否為個體行為之總和。又如：社會學及經濟學理論尚未成熟，就有人主張一切社會現象都可化約到經濟現象。此外，如：唯物論主張心理現象都可化約為物質現象（包括生理現象），哲學行為主義 (philosophical behaviorism) 主張一切心理狀態的描述都可化約成行為的描述，……等等，全都不免過分急躁。數學的化約模式可做為人文及社會學科化約工作的借鏡。

五、結　論

以上我們隨意舉出三個例子，說明人文及社會學科有可能從自然科學得到何種方法論的啟示。這些是筆者憑自己有限的經驗所提出的粗淺看法，並無任何高深的理論依據。其實，一個學科的研究者到底可以從別的學科得到何種啟示，是很難預料的。這些啟示對其本門的研究會發揮如何作用，也必須由研究者自行考量斟酌，並沒有固定的常規可循。唯一可以明確肯定的是：我們若要從別的學科得到任何有用的啟示，則必須對該門學科按部就班的學習，蜻蜓點水式的涉獵是無濟於事的。因此，筆者深信：鼓勵或要求各科系學生選修一、兩門與其本科系性質截然不同的課程，將有助於科際整合的推行。科際整合的最大障礙是各學科的研究人員只會以其本門所慣用的方式來思考，甚至排斥自己所不熟習的思考方式或探討方法。例如：有些人只知道根據實驗所得的結果或調查所得的數據做判斷，而不承認憑藉不完整的資料，用思辯、推測、以及互相反覆辯難的方式，在不得已的情況下，也是探求較滿意答案的可行途徑。

我國目前高中教育，由於文理分組，產生許多弊端。按照目前的實際情況，多數文法科大專畢業生的科學知識只有初中程度，而理工科學生也極端欠缺人文及社會方面的知識與素養。目前教育部和各大學所推動的通識教育，多少可以補救這些弊病，但問題仍然存在。通識教育課程內容大多只做概括性的淺顯介紹，很難像正規課程那樣顯示出該學科的思考模式及基本精神。與其讓文法科學生選修泛論式的自然科學概論，不如讓他們選修一、兩門普通物理或普通化學之類的課程，讓他們和理工科學生一起學習自然科學的基本學科，這樣才能真正體會到什麼叫做「科學精神」。同樣的，理工科學生若有機會與文法科學生一起選修文化人類學或政治思想史之類的課程，也可以學習另一種思考方式。在人文及社會學科中，常常有許多不同學派爭論不休的情況。不同的學派或學說往往都言之成理，很難用理工科學生所熟習的科學方法來判定其是非曲直。在缺乏明確規則或普遍定律的情況下，如何考量證據的強弱、辨認事實的真偽、推演理論的內涵，並據以選取自己認為最適當的看法，這種理性思考、明辨是非的能力，是民主國家的公民必須具備的能力。人文及社會學科的課程，若設計得當，正可用來培養這種能力。拼盤式或鳥瞰式的社會科學概論無法達成上述功能。

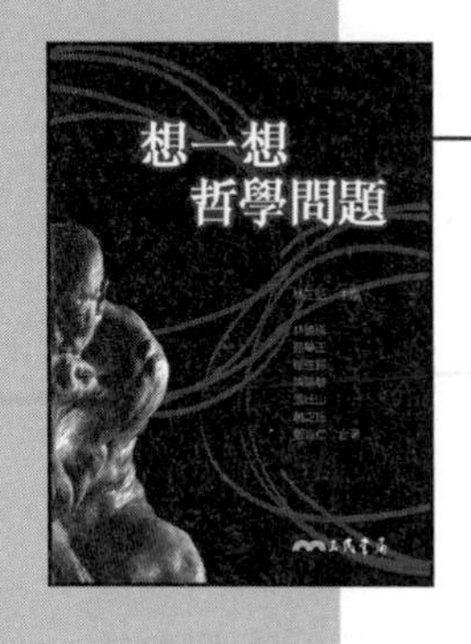

◎想一想哲學問題　林正弘／主編

當人類追根究底地去探問世界時，遲早會碰到一些無法得到確定答案的困難，它們雖然無法用常識的、科學的或類似數學的方法來解答，卻與人類所關心的問題密切相關。沒錯，這些問題正是哲學問題。本書由哲學問題來引發你對哲學探究的興趣，與你共渡一段美好而安靜的沉思時光。

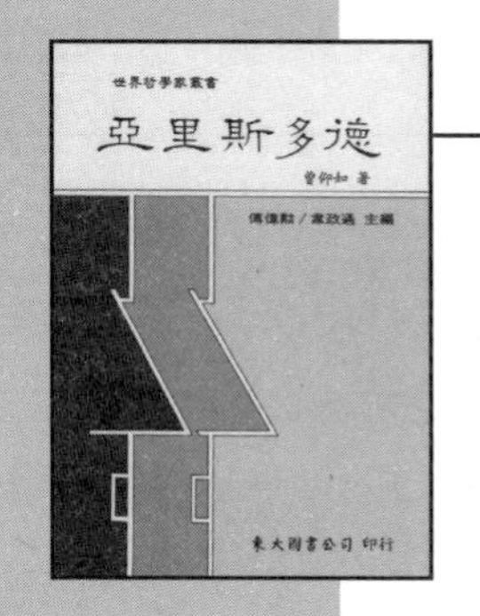

◎亞里斯多德　曾仰如／著

「真理之化身、學問之父、智者之大師」的亞里斯多德，其思想影響世人歷久不衰。本書將其學說以忠實有系統的介紹，盼能對研究其思想與有興趣者提供參考，進而建立每個人屬於自己的哲學體系及肯定人生之真諦。

◎西洋百位哲學家　鄔昆如／著

以往讀哲學史最大的困難，就是不知如何能從卷帙浩繁的大部頭中，很快的掌握該時代、該學派或哲學家的中心思想。本書即針砭時弊，從哲學家的觀點來介紹每一位哲學家的生平、著作與學說，以便讀者循序而進窺堂奧。深盼本書的出版，能幫助哲學教育的廣泛推展。

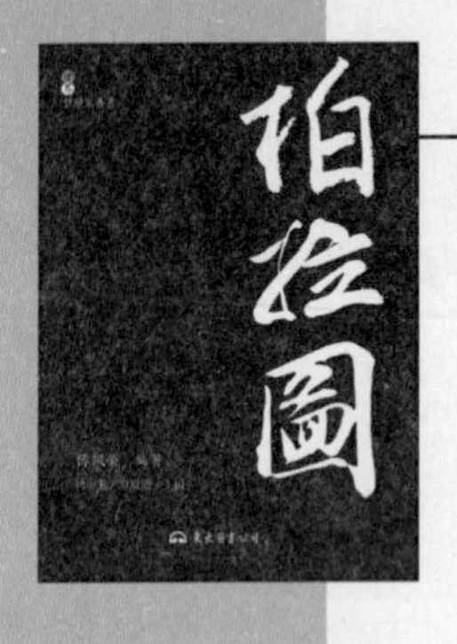

◎ **柏拉圖** 傅佩榮／編著

身為最為人所熟知的西方古典哲學家，柏拉圖為西方哲學建立了完整而難以超越的架構，廣泛而深入地探討了各主要議題，例如知識、靈魂、幸福、愛樂斯(Eros)、神、藝術、教育、政治等。透過本書，讀者得以欣賞柏拉圖的行文風格與敏銳心智，並在思辨之後，回應人生的具體要求，從而兼顧了哲學探討與實際關懷。

◎ **西洋哲學史** 傅偉勳／著

本書作者始終認為，哲學史概念的把握，乃是哲學探求的一種極其重要而不可或缺的思維訓練。通過哲學史的鑽研，我們能夠培養足以包容及超克前哲思想的新觀點、新理路，且能揚棄我們可能具有的褊狹固陋的思想。

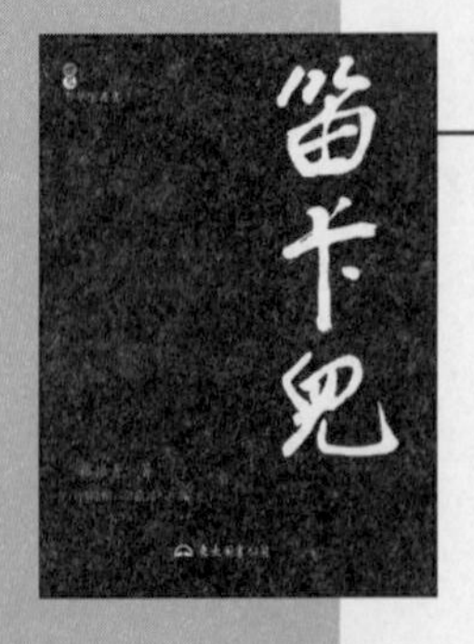

◎ **笛卡兒** 孫振青／著

有別於傳統哲學，笛卡兒從知識論出發，向內尋求無法置疑的基石，在懷疑主義並起的思潮下，替人類找到了不可動搖的立足點，從而將理性的地位推至時代的高峰，扭轉了一千多年來哲學探討的走向，世人尊稱他為「近代哲學之父」。笛卡兒不只將西洋哲學帶入一個嶄新的時代，他的科學研究精神也在其他領域發揮得淋漓盡致，至今仍深深影響著我們。

◎ 人心難測　彭孟堯／著

刻骨銘心的愛情與永恆不變的友情，只是大腦神經系統反應下的產物？身處科技與幻想發達的時代，我們夢想著有一天能夠創造出會思考的機器人，我們更夢想著有一天機器人能夠更像人：除了思考，還有喜怒哀樂、七情六欲。人類真能辦到嗎？是我們的想像力太過豐富了，還是目前的科技還不夠發達？

◎ 這是個什麼樣的世界？　王文方／著

「形上學」是西方哲學中研究世界「基本結構」的一個學門。本書透過簡單清楚、生動鮮明的舉例，介紹形上學主題，如因果、等同、虛構人物、鬼神、可能性、矛盾、自由意志等，作者希望讀者能理解：形上學的討論無非是想對我們的常識作出最佳的合理解釋罷了；這樣的討論或許精緻複雜，但絕非玄奧難懂。

◎ 思考的祕密　傅皓政／著

本書專為所有對邏輯有興趣、有疑惑的讀者設計，從小故事著眼，帶領讀者一探邏輯之祕。異於坊間邏輯教科書，本書沒有大量繁複的演算題目，只有分段細述人類思考問題時候的詳細過程，全書簡單而透徹，讓您輕鬆掌握邏輯推演步驟及系統設計的理念。全書共分九章，讓您解碼邏輯，易如反掌！

◎科幻世界的哲學凝視　陳瑞麟／著

科幻是未來的哲學；哲學中含有許多科幻想像。科幻與哲學如何結合？本書試圖討論科幻創作中的哲學意涵，包括小說《正子人》、《童年末日》、《基地》、《基地與帝國》，以及電影《千鈞一髮》、《魔鬼總動員》、《強殖入侵》、《駭客任務》。透過科幻創作的分析，本書試圖與讀者一起探討根本的哲學問題。

◎信不信由你　游淙祺／著

西方哲學從中世紀到十九世紀末為止，其論辯、批判與質疑的焦點集中在「上帝是否存在」上。而二十世紀的西方哲學家，在乎的是「宗教人的神聖經驗」、「宗教語言」、「宗教象徵與神話」等新議題。身為世界公民的我們，要如何面對宗教多元的現象？又應該怎樣思考宗教多樣性與彼此相互關係的問題呢？

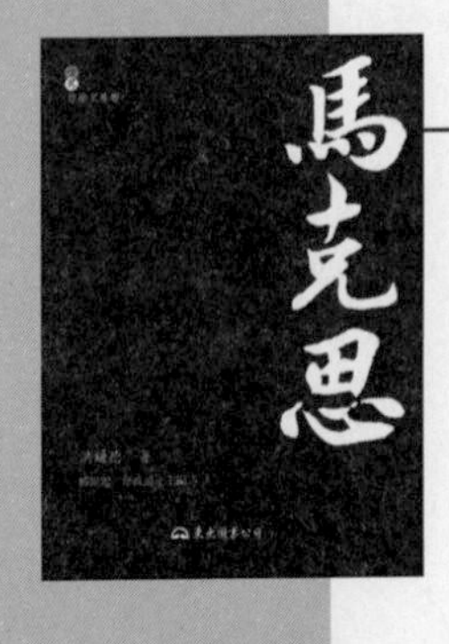

◎馬克思　洪鎌德／著

本書剖析一個世紀以來，馬克思理論與革命實踐的演變及影響。一方面批判「正統馬克思主義」過份崇奉馬克思主義作為科學的社會主義之機械宿命；二方面展示「西方馬克思主義」與「新馬克思主義」所懷抱之烏托邦式願景，以為馬克思主義乃啟發人類解放意識、重視人類主體能動性與創造性之精神。全書詳實地描繪了馬克思的生平，並對其學說與貢獻作出公正、肯綮的評析。